SCHÄFFER
POESCHEL

Ulla Domke/J. Martin Granica

Mutig führen

Wie Sie in Ihrem Unternehmen die Lust auf Verantwortung wecken

illustriert von Michael Hüter

2019
Schäffer-Poeschel Verlag Stuttgart

Bibliografische Information der Deutschen Nationalbibliothek
Die Deutsche Nationalbibliothek verzeichnet diese Publikation in der Deutschen Nationalbibliografie; detaillierte bibliografische Daten sind im Internet über <http://dnb.d-nb.de> abrufbar.

Gedruckt auf chlorfrei gebleichtem, säurefreiem und alterungsbeständigem Papier

Print: ISBN 978-3-7910-4412-5 Bestell-Nr. 10313-0001
ePDF: ISBN 978-3-7910-4413-2 Bestell-Nr. 10313-0150

www.schaeffer-poeschel.de
service@schaeffer-poeschel.de

Umschlagentwurf: Goldener Westen, Berlin
Umschlaggestaltung: Kienle gestaltet, Stuttgart
Coverbild und alle Illustrationen: Michael Hüter
Satz: Marianne Wagner

Januar 2019

Schäffer-Poeschel Verlag Stuttgart
Ein Unternehmen der Haufe Group

Inhaltsverzeichnis

UNTERNEHMEN

Einleitung: Wozu braucht es Mut?

Erfolgreich mit Veränderungen umzugehen, war immer schon eine zentrale Aufgabe für Unternehmen. Doch heute machen viele Unternehmen die Erfahrung, dass sie mit den bisherigen Optimierungsstrategien an Grenzen stoßen. Denn nicht nur die Veränderungsgeschwindigkeit hat vor dem Hintergrund von Digitalisierung und Globalisierung massiv zugenommen – die Welt scheint auch deutlich unberechenbarer geworden zu sein. VUCA nennt man dieses Phänomen. Es steht für volatility (Unbeständigkeit), uncertainty (Unsicherheit), complexity (Komplexität) und ambiguity (Mehrdeutigkeit). Das Sich-Bewegen in dieser Welt fühlt sich zunehmend an wie eine Wildwasserfahrt, auf der sich sowohl die Unternehmensleitungen als auch die Mitarbeitenden immer mehr bei dem Versuch verausgaben, adäquat auf die Anforderungswellen zu reagieren, von denen sie mitgerissen werden.

Und als ob das nicht schon genug der Herausforderung wäre, kommt noch eine weitere hinzu: Die Ansprüche der Arbeitnehmerinnen und Arbeitnehmer an ihre Arbeit sind deutlich gestiegen. Vor allem jüngere Menschen haben immer weniger Lust, ihre Lebenszeit damit zu vergeuden, Dinge zu tun, die ihnen keinen Spaß machen und in denen sie wenig Sinn sehen. Sie möchten sich einbringen mit ihren Interessen, ihrer Person, sie möchten (mit)gestalten: Arbeit soll heute auch ein Ort der persönlichen Entfaltung und Weiterentwicklung sein. Ein Ort, an dem GELEBT wird. Und da wir gegenwärtig einen Arbeitnehmermarkt haben, können zumindest gut ausgebildete Leute ihren Arbeitgeber kritisch auswählen.

Das erleben viele Unternehmen als Fachkräftemangel.

Was braucht es nun, um mit diesem Komplex an Herausforderungen umzugehen? Mit weiteren Optimierungen des Bestehenden kommen wir nicht mehr weiter.

Es braucht zuallererst und insbesondere MUT.

DEN MUT, DIE BEDINGUNGEN FÜR DIE ZUSAMMENARBEIT IN UNTERNEHMEN VÖLLIG NEU ZU GESTALTEN.

Die VUCA-Welt verlangt eine Neugestaltung der Bedingungen der innerbetrieblichen Zusammenarbeit ausgehend von der Frage:

Was brauchen Menschen, damit sie bereit sind, dem Unternehmen ihre Intelligenz, ihr Wissen, ihre Fähigkeiten, ihre Kreativität und ihre Begeisterung zur Verfügung zu stellen?

Das ist doch wohl selbstverständlich, dass sie das tun, meinen Sie?

Nein, das ist es ganz und gar nicht. Der Managementdenker Gary Hamel bringt es auf den Punkt: Das, was Sie per Arbeitsvertrag einfordern können, ist allenfalls gewissenhaftes und professionelles Arbeiten. Alles, was darüber hinausgeht, sind »Geschenke«, die sich ein Unternehmen verdienen muss. Daher muss eine alte Frage heute umgedreht werden:

»Statt uns zu fragen, wie wir die Mitarbeiter dazu bringen, der Organisation besser zu dienen, müssen wir uns fragen, wie wir Organisationen aufbauen, die die außerordentlichen Geschenke verdienen, die die Mitarbeiter in die Arbeit einbringen könnten.« (Hamel 2013, 158)

Genau darum geht es in diesem Buch: Unternehmen zu Orten zu machen, an denen Menschen Lust haben, sich mit ihrem ganzen Potenzial einzubringen – und zwar in eine Gemeinschaft, die nach gemeinsamen Werten und an gemeinsamen Zielen arbeitet.

Die wunderbare Nachricht für alle Unternehmensleitungen dabei ist: Indem Sie die Bedingungen hierfür schaffen, schaffen Sie gleichzeitig die Bedingungen für eine neue Dimension von Schnelligkeit, Flexibilität und Kreativität in Ihrem Unternehmen. Der Schlüssel

Und damit sind wir wieder bei unserem Schlüsselwort: MUT.

Das vorliegende Buch gibt Ihnen Bausteine und Prinzipien an die Hand, nach denen Sie Ihr Unternehmen so umbauen und gestalten können, dass es den Herausforderungen unserer Zeit (besser) gewachsen ist. Aber auch wenn die Bausteine und Prinzipien die gleichen sind, wird jedes einzelne Unternehmen seine eigene Art (er)finden müssen, sie in seine aktuelle Realität zu übersetzen und einzubinden.

hierfür ist das Verteilen von Verantwortung. Das klingt einfach, ist aber hoch voraussetzungsreich. Es geht um ein radikales Umdenken, vor allem im Hinblick auf die Rolle der Führung. Denn sie hat genau diese Räume zu schaffen, in denen selbstverantwortliches und selbstorganisiertes (Team-)Handeln entstehen kann.

Beim Betreten dieses Neulandes geht es für die Führungskräfte darüber hinaus noch darum, quasi »auf offener Bühne« einen Rollenwechsel zu vollziehen: Denn als Führungskraft werden sie in ihrer klassischen »Leitungsfunktion« überflüssig. Führung an sich wird damit jedoch alles andere als überflüssig: Als Rahmen-Gestalterin und Moderatorin bekommt sie eine neue Aufgabe und Bedeutung.

Der Mut, sich auf diesen tief greifenden Umstrukturierungs- und Umlernprozess einzulassen, wird sich auszahlen:

Indem Sie Ihren Mitarbeiterinnen und Mitarbeitern hervorragende Bedingungen für das Übernehmen von Verantwortung bieten, werden Sie die Attraktivität Ihres Unternehmens deutlich steigern und Sie werden die »Geschenke« erhalten, die es Ihnen ermöglichen, lebendig und gelassen mit den Herausforderungen der Gegenwart – und aller Voraussicht nach auch mit denen der Zukunft – umzugehen.

SIE WERDEN VORBEREITET SEIN AUF EINEN KLUGEN UMGANG MIT DEN ÜBERRASCHUNGEN DER VUCA-WELT!

CHEF?! CHEF?
WIR WARTEN !!!

Teil 1

Die Basis:
Für kluge Kommunikation sorgen

Schon wieder Kommunikation! Dass gute Kommunikation ein wichtiger Faktor erfolgreicher Unternehmen ist, wurde schon zigfach dargelegt und niedergeschrieben. Warum muss auch dieses Buch mit diesem Allerweltsthema beginnen? Weil es nun einmal die absolute Basis ist, wie wir gleich zeigen werden.

Denn wie Kommunikation gestaltet wird, bestimmt die Klugheit und Qualität eines Unternehmens grundlegend.

Daher sollten Unternehmen, die sich auf den Weg machen wollen, eine Umgebung zu schaffen, in der Menschen bereit sind für das »Geschenk« echter Verantwortungsübernahme, als erstes ihre Kommunikationskultur unter die Lupe nehmen, sie kritisch überprüfen und entsprechend verändern. Denn sie ist der Humus, auf dem alles Weitere gedeihen kann. Oder im anderen Fall eben ist sie der Hemmschuh, der alle weiteren Aspekte, die wir in den Teilen 2 und 3 darstellen werden, unwirksam macht.

1 Wo sitzt eigentlich die Intelligenz von Unternehmen?

Klar: Die Intelligenz steckt in den Köpfen der Menschen, die in diesem Unternehmen arbeiten. **Oder?**

Nein!

Das, was in den Gehirnen der Menschen eines Unternehmens steckt, ist nicht automatisch Teil des Unternehmens!

Was in den Köpfen der Menschen steckt, muss erst raus aus den Köpfen und im Unternehmen wirken. Das geschieht durch Kommunikation.

Gedankenexperiment:

Nehmen Sie Ihr Unternehmen: Und stellen Sie sich für einen Moment vor, dass dort keine Kommunikation stattfindet: keine Gespräche, keine Telefonate, keine E-Mails – kein Austausch zwischen den Personen.

Was bleibt übrig?

Ein »totes« Unternehmen – ein unverbundenes Ensemble aus Architektur, Computern, Maschinen, Schreibtischen und isolierten Menschen.

Das heißt: Unternehmen »leben« erst durch Kommunikation.

Man kann auch sagen:

UNTERNEHMEN BESTEHEN AUS KOMMUNIKATION.

Ein typischer Fehler:

Ein Unternehmen will ein Kompetenz-Defizit beheben und stellt zu diesem Zweck ausgewiesene Experten auf diesem Gebiet ein und meint, damit sei das Problem im Wesentlichen gelöst.

Das Wesentliche der Problemlösung liegt jedoch ganz woanders:

Nämlich darin, die geeigneten BEDINGUNGEN dafür zu schaffen, dass neues Wissen in die Kommunikation des Unternehmens gelangen kann und dort seine entsprechende Wirkung entfaltet.

Die Intelligenz eines Unternehmens steckt also in dem, was ZWISCHEN den Menschen passiert.

Sie steckt in der Kommunikation.

Wie klug oder dumm die Kommunikation in einem Unternehmen gestaltet ist, davon hängt ganz wesentlich die Klugheit eines Unternehmens ab.

FÜR DICH!

2 Von folgenlosen Mitteilungen und vollendeter Kommunikation

Um Aussagen darüber treffen zu können, was **kluge Kommunikation** ist, ist sollten wir uns erst einmal anschauen, was eigentlich genau passiert, wenn wir kommunizieren:

Zunächst einmal ist es wichtig, sich klar zu machen, dass zur Kommunikation immer (mindestens) zwei Personen gehören, die sich aufeinander beziehen – Kommunikation ist immer ein HIN und HER zwischen Personen:

So funktioniert Kommunikation im Detail

❶ A sendet eine Mitteilung

❷ B bezieht diese Mitteilung auf sich

❸ B zeigt eine Reaktion auf die Mitteilung von A (*)

(* Bliebe Schritt ❸ aus, handelte es sich maximal um INFORMATION.)

2.1 Die Kommunikationsgruft

In Organisationen gibt es auch die gar nicht so seltene Variante, dass nur Schritt ❶ stattfindet: Es wird etwas mitgeteilt – und niemand nimmt diese Mitteilung auf.

Damit ist nicht nur die E-Mail gemeint, die niemand liest, sondern zum Beispiel auch die Wortmeldung im Meeting, auf die niemand eingeht.

Das Entscheidende ist, dass in diesem Fall für die Organisation NICHTS PASSIERT – auch wenn die gerade in den Raum gestellte Mitteilung möglicherweise ein brillanter Vorschlag war.

Für die Organisation ist NUR das relevant, was IN DIE KOMMUNIKATION kommt – oder anders gesagt: was in irgendeiner Weise aufgenommen und fortgesetzt wird.

2.2 »Vollendete Kommunikation«

Kommunikation findet also statt, sobald die Schritte ❶ bis ❸ stattfinden.

Um besser bewerten zu können, wann Kommunikation klug ist, ist es sinnvoll, noch einen Schritt ❹ einzuführen:

In diesem Schritt ❹ erkennt der ursprüngliche Mitteilungssender, dass seine Nachricht angekommen ist UND DASS IN IRGENDEINER WEISE DARAUF REAGIERT WURDE.

Dieser vierte Schritt macht für die Qualität von Kommunikation in Organisationen in vielen Fällen *den* entscheidenden Unterschied.

Denn nur, wenn die Kommunikation abgeschlossen (vollendet) wird, ist sie für den Mitteilenden befriedigend und motiviert zu weiteren Mitteilungen.

In Unternehmen passiert es jedoch häufig, dass Mitarbeiter Ideen äußern – oder sogar explizit danach gefragt werden –, ob die Idee dann auch aufgenommen oder ob sie in irgendeiner Weise verarbeitet wurde, das erfährt aber niemand.

Ein typisches Negativ-Beispiel:

Ein Unternehmen führt eine Mitarbeiter-Befragung durch. Um besonders differenzierte Rückmeldungen zu bekommen, werden viele offene Fragen gestellt, bei denen sich die Mitarbeiter auch die Mühe machen, sich ausführlich zu äußern. Die Ergebnisse werden veröffentlicht und im Führungskreis besprochen. Nach langen Diskussionen einigt man sich darauf, dass zunächst keine konkreten Maßnahmen erfolgen sollen. Es geschieht in der Folge nichts.

Das heißt, die Mitarbeiter und Mitarbeiterinnen haben aus ihrer Sicht sehr relevante Mitteilungen gemacht. Sie können aber weder erkennen, ob ihre Mitteilungen bei denen, auf die sie bezogen waren, angekommen sind (»ob diese sich den Schuh angezogen haben«), noch erleben sie irgendeine auf ihre Mitteilung bezogene Reaktion.

WAS IST DIE KONSEQUENZ, WENN DIE MITARBEITENDEN KEINE REAKTION AUF IHRE ÄUSSERUNGEN ERFAHREN?

Die Mitarbeiter lernen, dass es sich nicht lohnt, ihre Meinung zu sagen, bzw. dass sie und ihre Meinungen nicht für wert befunden werden, dass mit konkreten Maßnahmen darauf geantwortet wird oder zumindest erläutert wird, warum in diesem Fall keine Maßnahmen erfolgen.

Dieser ungute Effekt trifft auch im Kleinen zu: jede Meinungs- und Ideen-Abfrage, auf die nicht wahrnehmbar und zurechenbar reagiert wird, senkt die Motivation der Befragten, sich qualifiziert ins Unternehmen einzubringen.

Warum ist es so schlimm, wenn Mitarbeiterinnen sich nicht mehr einbringen?

Weil die Intelligenz eines Unternehmens in seiner Kommunikation steckt, und diese gespeist wird durch die Gedanken und Ideen (Wahrnehmungen) seiner Mitarbeiter und Mitarbeiterinnen. Wenn diese Gedanken und Ideen in den Köpfen bleiben, werden sie nicht Teil des Unternehmens und

DAS UNTERNEHMEN KANN NICHT KLÜGER WERDEN – EGAL WIE KLUG DIE MITARBEITENDEN SIND!

Das bedeutet, um als Unternehmen klug zu handeln – also zum Beispiel klug auf veränderte Kundenwünsche zu reagieren –, braucht das Unternehmen die Wahrnehmungen seiner Mitarbeiter.

Die Intelligenz Ihrer Mitarbeiterinnen wird NUR dann Teil Ihres Unternehmens, wenn deren Äußerungen anschlussfähig in die Kommunikationsflüsse des Unternehmens eingebracht und damit wirksam werden können.

Und im Umkehrschluss:

Je weniger Menschen ihre Meinungen, ihr Wissen und ihre Ideen in die betriebliche Kommunikation – und damit ins Unternehmen – bringen, desto dünner wird die Basis, auf der eine Organisation ihre Entscheidungen trifft.

Das heißt:
Für die Organisation ist nur das relevant, was in die Kommunikation kommt – oder anders gesagt: was im Betrieb in irgendeiner Weise aufgenommen und fortgesetzt wird.

Ob Mitarbeiter das auf Dauer tun wollen – das hat seine Voraussetzungen.

Darauf zu achten, dass Kommunikation »vollendet« stattfindet, ist EINE der Voraussetzungen.

3 Wahrnehmungsfähigkeit steigern – Hierarchiesperren verhindern

Um die Klugheit ihrer Organisation zu erhöhen, sollten Unternehmen die WAHRNEHMUNGSFÄHIGKEIT ihrer Organisation verbessern.

Aber was ist das genau?

- Zunächst einmal nehmen die einzelnen Mitglieder eines Unternehmens etwas wahr – sie hören, sehen oder fühlen etwas.
- Dieses individuell Wahrgenommene muss raus aus den Köpfen und
- in die Kommunikation des Unternehmens eingebracht und
- dort aufgenommen und weiterverarbeitet werden.

Die »Wahrnehmungsfähigkeit« einer Organisation ist also ihre Fähigkeit, die Wahrnehmungen ihrer einzelnen Mitglieder in die Kommunikation zu bringen.

Es gilt, die VORAUSSETZUNGEN dafür zu schaffen, dass Menschen ihre Wahrnehmungen im Unternehmen mitteilen – und zwar immer wieder.

3.1 Voraussetzungen für eine hohe Wahrnehmungsfähigkeit eines Unternehmens

Als Erstes gilt:

Unterlassen Sie alles, was die Mitteilungsfreude Ihrer Mitarbeiter bremsen könnte.

Das ist anspruchsvoller als es scheint.

Machen Sie sich zunächst Folgendes klar:

Als Mitarbeiter etwas mitzuteilen, das man für veränderungswürdig hält, heißt immer auch

- »sich aus dem Fenster zu lehnen«,
- »sich angreifbar zu machen«,
- ein Risiko einzugehen.

Kurz gesagt: Dazu braucht es Mut.

Um diesen Mut – immer wieder – aufzubringen, brauchen Menschen eine ermunternde Atmosphäre, die sehr schnell zerstört werden kann. Dieses Zerstören der Atmosphäre geschieht meistens gar nicht absichtlich, sondern oft sind es spontane Abwehrreaktionen, die situativ gemeint sind, jedoch vom Mitarbeiter generalisiert werden.

Führungskräfte unterschätzen häufig das Sanktionspotenzial – und damit die destruktiven Wirkungen – ihrer beiläufigen Äußerungen.

3.2 Destruktive Kommentare von Führungskräften – Beispiele

Wie von der Führungskraft GESAGTES und GEMEINTES sowie vom Mitarbeiter VERSTANDENES auseinanderfallen:

A
B
C
D
KURZER WEG!
SO LÄUFT DAS BEI UNS NICHT!
ICH ERKLÄRE DIR, WIE DIESES UNTERNEHMEN TICKT - DAMIT DU ES VERSTEHST. UND DU DICH BESSER DARIN BEWEGEN KANNST!
A
B
C
D
KURZER WEG
O.K. VERÄNDERN VERÄNERUNG UNERWÜNSCHT. ES SOLL SO WEITERLAUFEN WIE BISHER!

ICH DENKE, ANDERS KÖNNTE ES BESSER GEHEN ...
SCHRAMM
DU SOLLST NICHT DENKEN, DU SOLLST ARBEITEN ...!
IM MOMENT IST KEINE ZEIT, ZU DISKUTIEREN, JETZT MUSS DAS ERST MAL FERTIG WERDEN!
KRACK
AHA... HIER GEHT'S UM GEHORSAM, NICHT UM EIGENVERANTWORTLICHES DENKEN UND HANDELN!
ÄCHZ!

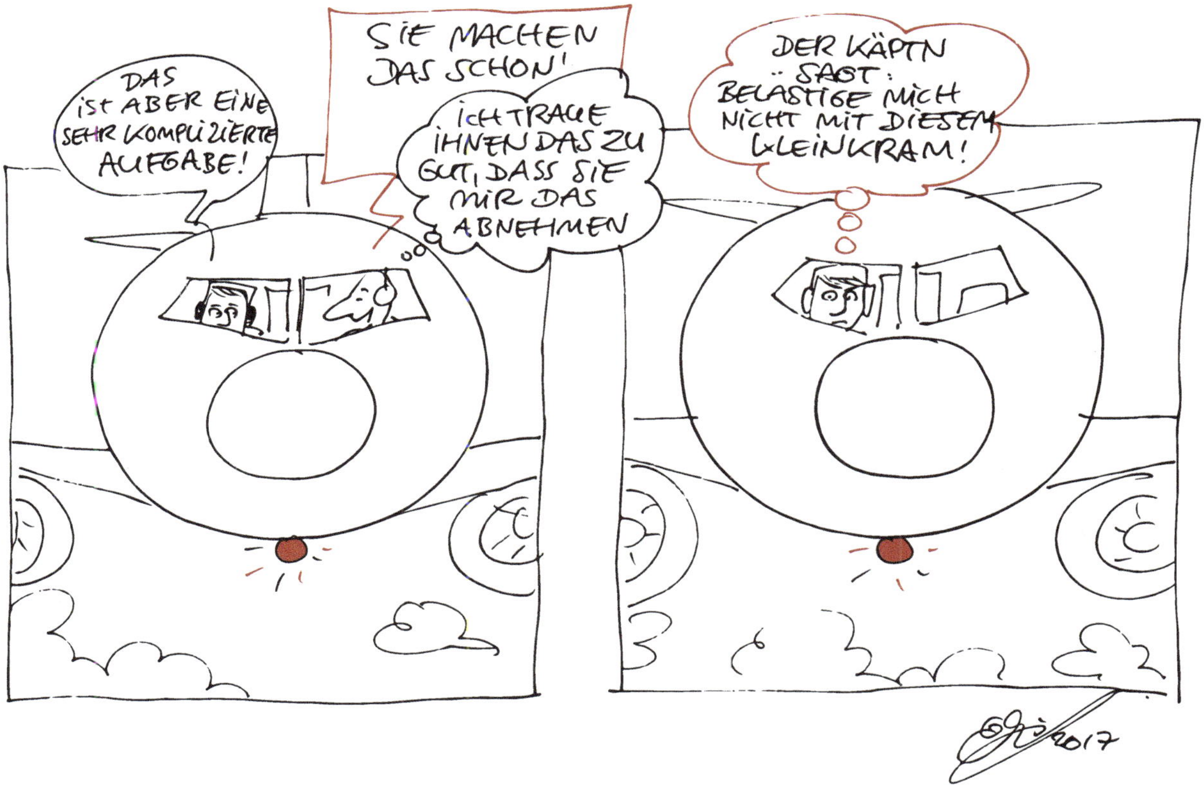
DAS IST ABER EINE SEHR KOMPLIZIERTE AUFGABE!
SIE MACHEN DAS SCHON!
ICH TRAUE IHNEN DAS ZU GUT, DASS SIE MIR DAS ABNEHMEN
DER KÄPTN SAGT: BELÄSTIGE MICH NICHT MIT DIESEM KLEINKRAM!
2017

PRO
CONTRA
SYNTHESE
MIT DIESEM GEQUATSCHE ÜBER UNS SELBST VERSCHWENDEN WIR NUR UNSERE ZEIT!
UNSERE DISKUSSIONEN BRINGEN ZU WENIG ERGEBNISSE!!
HIER SOLL ALLES SO BLEIBEN, WIE ES IST!
SELBSTREFLEXION UND SELBSTÜBERPRÜFUNG WERDEN HIER NICHT GEBRAUCHT!
2016

Solcherlei unbedachte Äußerungen haben einen fatalen Effekt:

Sie verstärken die HIERARCHIESPERRE in Ihrem Unternehmen.

Einmal aufgebaut, ist die Hierarchiesperre nicht mehr punktuell zu durchbrechen.

Es muss peu à peu das Vertrauen bei den Mitarbeitern wiederaufgebaut werden, dass ihre Wahrnehmungen (Mitteilungen) gehört und als relevant angesehen werden.

3.3 Woran erkennen Sie die Dichte der Hierarchiesperre?

BESONDERS DICHT IST DIE HIERARCHIESPERRE ZU IHNEN WAHRSCHEINLICH, WENN:

- die Kontaktfrequenz zu Ihren Mitarbeitern gering ist,
- mit Ihnen vorzugsweise über Belangloses geredet wird (nicht über den Betrieb),
- Ihnen nie jemand widerspricht – und Sie nur noch unqualifizierte Zustimmung bekommen (ohne Argumente),
- Ihr Kollege in der Geschäftsführung immer besser informiert ist als Sie über das, was gerade im Unternehmen los ist.

RELATIV DURCHLÄSSIG IST DIE HIERARCHIESPERRE ZU IHNEN WAHRSCHEINLICH, WENN:

- Sie auch mal kritische Rückmeldung zu Ihrem Verhalten bekommen – und zwar von verschiedenen Personen,
- in informellen und formellen Runden, an denen Sie teilnehmen, »echte« Auseinandersetzungen um die Sache geführt werden – und Ihre Meinung nur so viel wert ist, wie jede andere Meinung im Raum,
- wenn »normale« Mitarbeiter sich trauen, mit Ihnen über veränderungsrelevante Punkte im Unternehmen zu diskutieren (z. B. auf dem Betriebsausflug).

Wenn Sie die Wahrnehmungsfähigkeit Ihres Unternehmens verbessern wollen, dann erhöhen Sie das Bewusstsein Ihrer Führungskräfte für Hierarchiesperren und vermeiden Sie destruktive Kommentare.

Das beste Ergebnis erreichen Sie, wenn Sie auch Ihre Mitarbeiterinnen und Mitarbeiter für dieses Thema sensibilisieren und Sie diese glaubhaft dazu ermutigen, Ihnen die als destruktiv erlebten Kommentare zurückzuspielen. Im Sinne von hilfreichem Feedback. Am einfachsten geht's mit freundlich-interessiertem Nachfragen.

4 Echte Dialoge und konstruktive Auseinandersetzungen

Nur die Mitarbeiter *nicht davon abzuhalten*, ihre Wahrnehmungen mitzuteilen, reicht jedoch nicht aus.

Wichtige Voraussetzungen, um eine ermunternde Kommunikationsatmosphäre aufzubauen, sind darüber hinaus:

1. ein grundsätzlich RESPEKTVOLLER UND HÖFLICHER UMGANG miteinander,
2. Führungskräfte, die sich nicht als diejenigen verstehen, die es am besten wissen (müssen), sondern die es als eine ihrer zentralen Aufgaben ansehen, das gemeinsame »RINGEN UM BESTE LÖSUNGEN« anzuregen und zu moderieren.

4.1 Höflichkeit und Respekt

Sind Höflichkeit und Respekt nur oberflächliches Beiwerk?

NEIN!

Hier beispielhaft ein Auszug aus einer amerikanischen Studie, veröffentlicht im Harvard Business Manager 4/2012, 30:

»(Es wurde) festgestellt, dass die Hälfte der Mitarbeiter, die am Arbeitsplatz unhöflich behandelt wurden, bewusst ihren Arbeitseinsatz reduzierten. Mehr als ein Drittel hat als Folge der erlittenen Unhöflichkeit absichtlich schlechter gearbeitet. Und zwei Drittel verbrachten viel Zeit damit, dem Angreifer aus dem Weg zu gehen.«

Man kann hinzufügen: Mitarbeiter und Mitarbeiterinnen werden in einer unhöflichen Atmosphäre auf keinen Fall das Risiko eingehen, die eigenen Wahrnehmungen, geschweige denn konkrete Verbesserungsideen mitzuteilen.

4.2 Führungskräfte, die das gemeinsame »Ringen um beste Lösungen«

Die Inhalte und Anforderungen, mit denen Unternehmen heute umgehen müssen, sind so komplex, dass das Wissen und die Erfahrung Einzelner in den meisten Fällen nicht mehr ausreicht, um alle entscheidungsrelevanten Aspekte abzudecken.

Aus unterschiedlichen Wissens- und Erfahrungshintergründen ergeben sich verschiedene Perspektiven und Einschätzungen. Es geht darum, diese unterschiedlichen Perspektiven und Einschätzungen gegenseitig zu verstehen und in konstruktiven Auseinandersetzungen zusammenzufügen. Dabei geht es heute meist nicht mehr um »richtig oder falsch«, sondern darum, eine möglichst breite Basis zu schaffen für abgewogene Entscheidungen.

Dafür zu sorgen, dass diese konstruktiven Auseinandersetzungen stattfinden, das ist Aufgabe von Führungskräften.

EXKURS

»Echte« Entscheidungen

Alle »Entscheidungen«, bei denen es ein eindeutiges »richtig« oder »falsch« gibt, sind genau genommen gar keine Entscheidungen – sondern es geht dabei lediglich um eine konsequente Ableitung aus Kriterien bzw. die Umsetzung von Vorgaben. Das heißt, alles, was errechnet oder mit Checklisten abgeglichen werden kann, fällt eigentlich gar nicht unter die Kategorie »Entscheidungen«, denn das genaue Einhalten der Vorgaben bzw. des Weges führt automatisch zum vorgegebenen Ziel, nämlich der »richtigen« Entscheidung. Hier geht es um Gewissenhaftigkeit und nicht um Abwägungsprozesse. »Echte« Entscheidungen aber sind solche, bei denen zwischen widerstreitenden Prioritäten abgewogen werden muss. Sie können im Moment ihrer Entstehung noch gar nicht »richtig« oder »falsch« sein. Das zeigt sich erst in der Zukunft.

Gute »echte« Entscheidungen sind also solche, die eine hohe Wahrscheinlichkeit haben, sich in Zukunft als richtige Entscheidungen herauszustellen.

Für gute Entscheidungen sind also gute Auseinandersetzungen notwendig. Das setzt voraus: mehrperspektivisches Denken zu ermöglichen und divergierende differenzierte Sichtweisen zu erzeugen. Fritz Simon drückt diese Notwendigkeit in seinem Buch »Gemeinsam sind wir blöd« so aus: »Nur, wenn es möglich ist, sachliche Konflikte ergebnisoffen und nüchtern, d. h. ohne Schönfärberei und Selbstbetrug, auszutragen, werden am Ende intelligente Entscheidungen stehen.« (Simon 2009, 38)

Um solche konstruktiven Auseinandersetzungen führen zu können, braucht es eine möglichst hohe Qualität der Kommunikation.

Um diese besser beurteilen zu können, bietet sich das Analyseraster von Claus Otto Scharmer an (Scharmer 2018, 43).
Es unterteilt in

VIER QUALITÄTSSTUFEN DER KOMMUNIKATION:

❶ Downloading
❷ Debatte
❸ Dialog
❹ Presencing

4.3 Downloading

Meint den Austausch von Höflichkeitsfloskeln und das Wiedergeben von mir selbst Bekanntem (»Abladen«).

Es geht um gegenseitige Selbstbestätigung.

Es entsteht nichts Neues.

4.4 Debatte

Das Ausdrücken und Verteidigen von divergierenden Standpunkten.

Eine Debatte setzt die Erlaubnis zur Differenz voraus.

Der Austausch von Standpunkten hat jedoch nicht das Ziel des gegenseitigen Dazulernens.

4.5 Dialog

Die offene Erkundung von unterschiedlichen Standpunkten.

Ein Dialog beruht auf dem Wunsch nach gegenseitigem Verständnis und der Bereitschaft, voneinander zu lernen.

4.6 Presencing

Hiermit ist ein schöpferisches Fließen der Kommunikation gemeint.

Ein Miteinander sprechen »wie aus einem Hirn«.

Satzteile, die von verschiedenen Personen kommen, flechten sich ineinander.

Beim Presencing spielt es keine Rolle, wer etwas sagt, sondern nur, ob es weiter führt in Bezug auf die gemeinsame Sache, auf die man gerade schaut.

Damit die verschiedenen Wahrnehmungen als Basis für gute Entscheidungen zusammengeführt und verarbeitet werden können, sollten Führungskräfte dafür sorgen, dass Kommunikation auf Stufe 3 (Dialog) zum Standard und Stufe 4 (Presencing) möglich wird.

Das passiert natürlich nicht auf Anordnung, sondern muss eingeübt werden.

Dazu ist es hilfreich, sich zunächst klar zu machen, welche Kompetenzen notwendig sind, um auf die Dialogebene zu kommen.

Angelehnt an Boris Gloger und Dieter Rösner sind folgende Fähigkeiten zentral (Gloger/Rösner 2014, 60f.)

4.7 Kompetenzen für den Dialog

FÄHIGKEITEN FÜR DEN DIALOG

Radikaler Respekt

- Wertschätzung und Vertrauen in die Partner (Vertrauensvorschuss)
  Die Basis hierfür sind:
  - ein hohes Maß an Empathie und der
  - der Wille, die Gegenüber in ihrer Andersartigkeit völlig zu akzeptieren und
  - diese anzuerkennen.

Offenheit

- sagen, was man wirklich denkt, wie man sich fühlt und was einem wirklich wichtig ist,
- die Perspektiven und Vorstellungen der anderen aufnehmen und
- sich positiv-kritisch damit auseinandersetzen,
- bereit sein, sich von Gesprächspartnern beeinflussen zulassen, wenn sie in der Sache richtig liegen, mehr wissen oder kompetenter sind.

Beobachten

- ist die Fähigkeit des Hinschauens und Hinhörens,
- heißt, sich leer zu machen wie ein weißes Stück Papier,
- sich bewusst zurücknehmen, sich auf den Partner zu konzentrieren und einfach aufnehmen.
- Mit dieser besonderen Aufmerksamkeit gelingt es, die verbalen und nonverbalen Botschaften der Anderen besser zu erfassen, einzuordnen und damit tiefer zu verstehen.

Erkunden

- ermöglicht es, differenziertere Informationen zu generieren und
- die tiefere Bedeutung von Botschaften zu verstehen,
- mit gezielten, empathischen und kompetenten Fragen nach genaueren Sachinformationen, nach Hypothesen und Interpretationen, nach Gefühlen und Intentionen werden die inneren Landkarten der Anderen transparent und nachvollziehbar,
- bedeutet aktives, lernendes Zuhören und drückt Wertschätzung für die Anderen aus.

Produktives Plädieren

- die eigenen Beiträge als offene Angebote an die Partner/innen einbringen,
- nicht für mich, sondern für das gemeinsame Anliegen argumentieren,
- die eigenen Positionen, ihren möglichen Wert für das Ganze und meine Intentionen sachlich darstellen (ggf. auch deutlich machen, warum ich so an diesem Argument »hänge«),
- die eigenen Vorstellungen in den gemeinsamen Ideenkorb werfen, aus dem sich letztlich das ganze Team bedient, um gemeinsame Lösungen zu erarbeiten.

DAS IST PERFEKTE ...
... KOMMUNIKATION!
PRESENCING
DIALOG
DEBATTE
DOWNLOADING

Üben, Üben, Üben

Eine Übungsmöglichkeit besteht zum Beispiel darin, zunächst feste Orte zu etablieren, an denen gezielt die gemeinsame Entscheidungsfindung bzw. Problemlösung eingeübt wird. Zum Beispiel, indem Sie zu wichtigen Anlässen »ENTSCHEIDUNGSKONFERENZEN« einberufen, an denen feste Kommunikationsregeln gelten, wie z. B.

- Erst nachfragen und den anderen verstehen, dann reagieren und den eigenen Beitrag einbringen.
- Mitgeteilte »Wahrnehmungen« von den eigenen »Bewertungen« trennen (und das am besten für alle sichtbar, z. B. am Flipchart mitschreiben).
- Erst alle Wahrnehmungen und Bewertungen auf den Tisch, dann erst wird über Lösungen gesprochen.
- Es gibt eine Abschlussrunde, in der jeder noch einmal einen kurzen Kommentar zur gefundenen Lösung gibt – im Sinne einer letzten Überprüfung der getroffenen Entscheidung.
  Auch in jedem einzelnen Team kann in Teambesprechungen zum Abschluss in einer kurzen Runde nach den oben genannten Kriterien reflektiert werden, wie jedes Teammitglied die Kommunikation an diesem Tag erlebt hat.

Das Fazit zu diesem Kapitel lautet: In klugen Unternehmen ist Kommunikation ein Thema, über das geredet wird.

Und zwar auch und vor allem im Hinblick darauf, ob sie alle Beteiligten ermutigt und ermuntert, ihre Intelligenz, ihr Wissen und ihre Fähigkeiten dem Unternehmen zur Verfügung zu stellen.

Das ist allerdings nur die erste Voraussetzung dafür, dass Menschen das Tun wollen.

Es gibt noch einige andere. Damit beschäftigt sich Teil 2.

ICH BRAUCHE DIE NÄCHSTE SCHRAUBE, CHEF
ICH WERD'S PRÜFEN!
ANTRAG AUF 1 STÜCK SCHRAUBE

Teil 2

Das Grundprinzip: Werte und Verantwortung teilen

Für ein kluges Unternehmen ist es unabdingbar, dass die

- Fähigkeiten,
- Ideen,
- Meinungen
- sowie das Wissen

aller Mitglieder für die Organisation wirksam werden können.

In Teil 1 haben wir dargestellt, wie gelingende Kommunikation seinen wesentlichen Teil dazu beitragen kann.

All diese Rohstoffe können aber nur »wirksam werden«, wenn Mitarbeiterinnen auch den entsprechenden RAUM haben, um dies alles entfalten und nutzen zu können.

Und zwar Raum für eigenständiges Entscheiden und Gestalten.

Dieser Raum ist die Voraussetzung für das, was Unternehmen heute unbedingt haben wollen – und aus unserer Sicht auch dringend benötigen:

- motivierte, engagierte – und im besten Fall sogar begeisterte – Mitarbeiter,
- Flexibilität und Schnelligkeit in den Prozessen,
- einen klugen Umgang mit Komplexität.

Denn in diesen Räumen findet nicht nur die Entfaltung der Potenziale der Einzelnen statt, sondern auch die Verknüpfung der individuellen Möglichkeiten zu »kollektiver Klugheit«.

Diese Räume zu schaffen und so zu gestalten, dass Menschen sie auch nutzen wollen, ist hoch voraussetzungsreich!

Eine erste wesentliche Voraussetzung dafür ist,

DASS DIE OBERSTEN FÜHRUNGSKRÄFTE IHRE ROLLE ALS GESTALTER DER ZUSAMMENARBEIT WIRKLICH ERNST NEHMEN.

Nur sie – die »Chefs« und »Chefinnen«– können durch die notwendigen Voraussetzungen für »Mehrhirnklugheit« sorgen.

Was Sie ganz konkret tun können, um diese Voraussetzungen zu schaffen, darum geht es in diesem zweiten Teil des Buches.

Was für die Führung zu tun ist, damit die Mitarbeiterinnen und Mitarbeiter entsprechende SELBSTVERANTWORTUNG überhaupt wollen (können), das beschreiben wir im Folgenden in den Kapiteln: »Rahmen geben und Spielräume schaffen«, »Sicherheit gewährleisten«, »Wertschätzung und Anerkennung« und »Sinn anbieten.«

Tun sie es nicht, dann riskieren sie, was Fritz Simon so drastisch wie plastisch »Mehrhirnblödheit« nennt (Simon 2009, 36).

Was für die Führung zu tun ist, damit alle abgestimmt in EINE GEMEINSAME RICHTUNG arbeiten (können), das beschreiben wir in diesem Teil in den Kapiteln: »Offenlegung der Kriterien – Selbstkontrolle ermöglichen« und »Erfolg definieren und reflektieren«.

5 Rahmen geben und Spielräume schaffen

In diesem Kapitel geht es um zwei grundlegende Voraussetzungen, die Menschen brauchen, wenn sie nicht nur erfolgreich, sondern mit Freude zusammenarbeiten wollen:

einen definierten (Orientierungs-)Rahmen

und

große Spielräume zur eigenen Gestaltung.

ENDLICH
!
SPIEL
RAUM

5.1 Begeisterung für »meine Sache«

An dieser Stelle stellen sich unter anderem folgende Fragen:

a) Wenn Eigeninitiative, Kreativität und Hingabe die Geschenke sind, die Unternehmen sich heute verdienen müssen (wie Gary Hamel behauptet): Was sind eigentlich DIE ZENTRALEN TREIBER für diese Fähigkeiten? Was befeuert sie?

b) Wie stellen Unternehmen sicher, dass sich diese Fähigkeiten der Einzelnen aufeinander abstimmen im Sinne des »Großen Ganzen«, also des Unternehmenszwecks?

Zur ersten Frage:

Ein zentraler Treiber für die gewünschten Fähigkeiten ist

- BEGEISTERUNG

Aber was genau ist eigentlich Begeisterung?

- sie ist energievoll – im Sinne von Leidenschaft, Überschwang, Elan,
- sie hat eine Richtung, einen konkreten Bezugspunkt – im Sinne von Interesse, Einsatz, Eifer, »Wollen«.

- **Und,** was in diesem Zusammenhang besonders wichtig ist: Wenn wir Begeisterung erleben, erleben wir ein Gefühl von Verbundenheit mit uns selbst, mit dem, was uns wichtig ist und ein Gefühl von Lebendigkeit und von »richtig sein«.

Damit die Einzelnen innerhalb eines Unternehmenskontexts Begeisterung erleben können, ist daher zweierlei notwendig:

Als erste Voraussetzung muss der Mensch **seine individuelle Begeisterung anbinden** können an das Unternehmen.

Und zwar am besten anbinden an das, was man den »Spirit« des Unternehmens nennen könnte: Das, wofür das Unternehmen steht, was es besonders und einzigartig macht.

Denn die konkreten Inhalte, Ziele und Produkte eines Unternehmens können sich über die Zeit ändern, der »Spirit« eines Unternehmens ist dagegen eine sehr konstante Größe. (Mehr zu dem, was den »Spirit« eines Unternehmens ausmacht, finden Sie in Kapitel 10 »Sinn anbieten«.)

Das bedeutet aber im Umkehrschluss auch:

Nicht jede Person passt in jedes Unternehmen! Sie können nicht jeden für alles begeistern! Egal mit welchen »Motivationsmethoden« Sie es auch immer versuchen.

Denn: Begeisterung kommt immer von Innen und muss angebunden sein an das, was dem jeweiligen Menschen wichtig ist.

Damit kommen wir zur zweiten Voraussetzung für das Erleben von Begeisterung im Unternehmenskontext:

Jeder Einzelne im Unternehmen muss die Möglichkeit bekommen, das, was er tut, zu seiner Sache machen zu können.

Und das geht nur, indem ich meine Arbeit gestalten kann.

Für diese eigene Gestaltung brauchen Mitarbeitende RAUM:

ANMERKUNG ZUR TÄTIGKEITSBEZOGENEN BEGEISTERUNG BEI DER ARBEIT

Wenn wir hier von Begeisterung sprechen, meinen wir nicht, dass alle Leute den ganzen Tag strahlend durch die Gegend springen. Sondern es geht um eine Art Grundbegeisterung:

- Wie erzählen Ihre Mitarbeiter zum Beispiel anderen von ihrer Arbeit?
- Wie fühlen sie sich während ihrer Arbeit: Erleben sie immer mal wieder dieses Gefühl von Lebendigkeit, von »richtig« sein, von Verbundenheit mit dem, was ihnen wichtig ist?

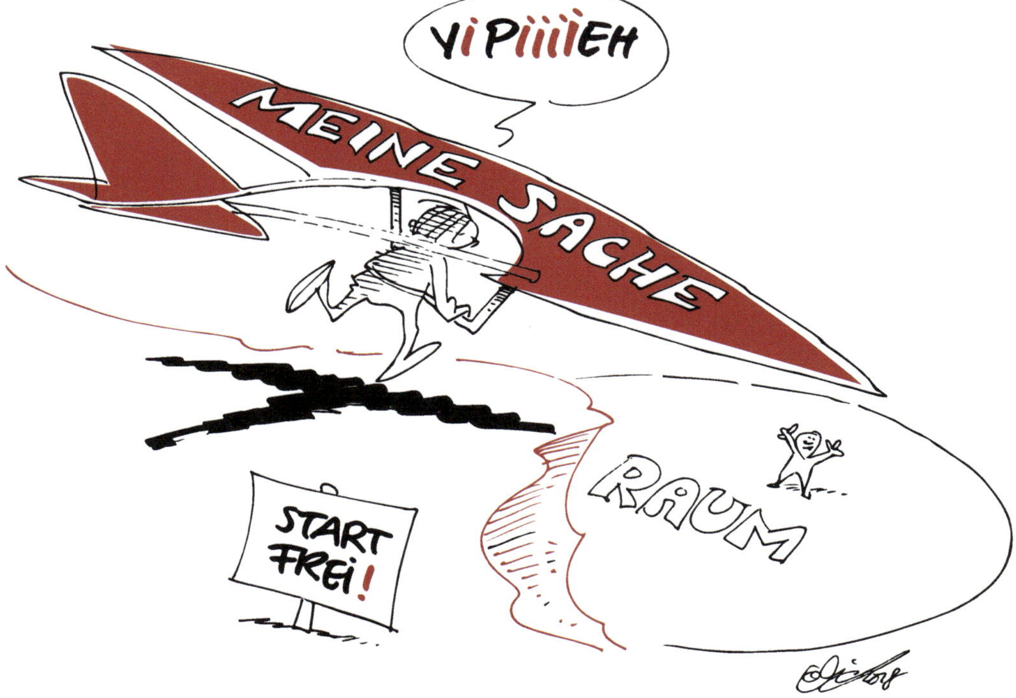
YiPiiiiEH
MEINE SACHE
RAUM
START FREI!

Darüber hinaus ermöglichen große Gestaltungsspielräume für die eigene Arbeit:

- Selbstwirksamkeit zu erleben – »ich kann etwas und bewege was«,
- Wertschätzung zu spüren – »man traut mir das zu«,
- zu lernen, die eigenen Fähigkeiten zu erweitern, sich zu entwickeln.

JA, ABER …

… werden jetzt einige von Ihnen sagen, es wollen ja gar nicht alle Menschen Dinge selbst gestalten.

Manche wollen genaue Vorgaben, was zu tun ist!

Ja, diese Menschen gibt es. Unsere Gegenfrage an dieser Stelle ist: Wie viele sind es noch, nachdem Sie Ihr Unternehmen so umgestaltet haben, wie es in diesem Buch beschrieben ist?

Und da sagen wir: Es werden sehr, sehr wenige sein.

Für die praktische Umsetzung ist allerdings wichtig, folgende Differenzierungen in Bezug auf das Thema Gestaltungsspielräume zu machen:

Aspekt A) Gestaltung im Sinne von »Entwicklung neuer Inhalte oder Strukturen«

Pioniere	Unterstützer
wollen »Neues« in die Welt bringen	helfen gerne anderen bei der Verwirklichung von Ideen
trauen sich, Neuland zu betreten	stehen lieber in der zweiten Reihe
haben Lust auf Verantwortung für das »große Ganze«	arbeiten gerne zu
sind eher risikobereit	sind eher risikoscheu

Menschen werden sich an ganz unterschiedlichen Stellen dieser Skala einordnen. Dabei wird es in der Tat mit großer Wahrscheinlichkeit mehr Menschen geben, die sich auf der rechten Seite der Skala einordnen werden (und viele von denen, die sich links einordnen, werden im Laufe ihrer Berufskarriere entweder Führungskraft werden oder sich selbstständig machen).

Allerdings heißt das nicht, dass diese »Unterstützer« keine Gestaltungsspielräume haben möchten!

Denn es gilt noch weiter zu unterscheiden:

Aspekt B) Gestaltung hinsichtlich der »Freiheitsgrade in Bezug auf die Umsetzung des eigenen Arbeitsbereichs«

Gestalter der eigenen Arbeit	Abarbeiter

Die übertragenen Aufgaben frei gestalten/es auf »meine Art« machen	Abarbeiten nach genauen Vorgaben

In Bezug auf Aspekt B) gilt unseres Erachtens eindeutig:

Wenn Sie die Bedingungen so gestaltet haben, wie dieses Buch sie beschreibt, wird es kaum noch Menschen geben, die sich hier auf der rechten Seite einordnen möchten.

Nun gut, werden Sie vielleicht sagen, es ist gut für die Menschen, wenn Sie Gestaltungsspielraum bekommen. Aber ist es auch gut für das Unternehmen? Wo kommen wir denn da hin, wenn jeder »sein Ding« macht? Führt das nicht zu unkoordiniertem Chaos?

Nein.

Denn Spiel-RÄUME entstehen innerhalb eines RAHMENS. Und dieser Rahmen sorgt – wenn er gut gestaltet und für alle sichtbar ist – dafür, dass »in die gleiche Richtung gespielt wird«.

Dieser **Rahmen** enthält alles, was **feststeht**, z. B.:

- Gesetze,
- Vorschriften,
- Leitbilder/Visionen,
- Regeln und Prinzipien,
- Qualitätskriterien,
- operative und strategische Ziele,
- Rollenbeschreibungen.

Die Herausforderung für Unternehmen ist die, sich ihres eigenen Rahmens bewusst zu werden und ihn für alle explizit zu machen.

Das hat seine ganz speziellen Tücken und Herausforderungen, auf die wir im nächsten Kapitel (»Offenlegung der Kriterien – Selbstkontrolle ermöglichen«) eingehen werden.

In jedem Fall gilt:

Nur wenn dieser Rahmen klar definiert ist, kann er die notwendige Orientierung geben für die eigenständige, kreative Ausgestaltung von Spielräumen der Einzelnen.

Das heißt, jedes Unternehmen, das die Eigenständigkeit und Kreativität seiner Mitarbeiter und Mitarbeiterinnen erhöhen möchte, sollte sich die Fragen stellen:

- Ist der Rahmen für die Menschen in unserem Unternehmen klar definiert?
- Wo ist er eher diffus?
- Wo fehlen orientierende Vorgaben?

Ein zentraler Baustein dieses orientierenden Rahmens für die Mitarbeiterinnen und Mitarbeiter ist die Definition von ROLLEN.

5.2 Das Rollenkonzept

Sie ersetzen in klugen Unternehmen die herkömmlichen Stellenbeschreibungen. Diese schreiben viel zu statisch und voneinander abgrenzend fest, was die Einzelnen »zu erledigen« haben.

In klugen Unternehmen geht es stattdessen um die Verteilung von Rollen und die Zuteilung von Verantwortlichkeiten.

Das heißt, es wird lediglich festgelegt, wer wofür zu sorgen hat. Die genaue Ausgestaltung der Rolle bleibt dem Rollenträger überlassen.

Menschen können – wie im privaten Leben auch – verschiedene Rollen ausfüllen, und die Rollen können je nach aktuellem Bedarf auch, wechseln.

Der Unterschied klingt klein, ist aber wesentlich für das Eröffnen von Gestaltungsräumen.

Ein Beispiel:
Die Assistenz der Geschäftsführung ist in aller Regel dafür zuständig, Gäste zu empfangen und zu bewirten, die ins Unternehmen kommen. Hierzu könnte man eine Liste erstellen mit Aufgaben, die diese Person abzuarbeiten hat:

- Kaffee kochen,
- Tisch eindecken,
- Gäste in Empfang nehmen,
- usw.

Wenn ich aber stattdessen dieser Person sage:
»Deine Rolle ist es Gastgeberin des Hauses zu sein und Du hast dafür zu sorgen, dass wir uns unseren Gästen gegenüber als attraktives Unternehmen präsentieren und dass sich unsere Gäste bei uns wohl fühlen.«

Dann stelle ich damit ganz klar, was der Sinn und das Ziel ihrer Tätigkeit ist und ich eröffne dieser Person einen Raum, in dem sie diesen Verantwortungsbereich gestalten – und zu ihrer Sache machen kann. In diesem Raum wird die Wahrscheinlichkeit, dass kreative Ideen entstehen, die über das »Erledigen von Aufgaben« hinausgehen, deutlich erhöht.

Wenn man anfängt, die Tätigkeiten und Verantwortlichkeiten in einem Unternehmen in Form von Rollen zu beschreiben, wird man schnell feststellen, dass für viele Rollen neue Bezeichnungen gefunden bzw. erfunden werden müssen, weil es noch keine passenden, eingeführten Begriffe gibt. Das hat aber wiederum den Vorteil, dass für alle Beteiligten damit deutlich sichtbar wird, dass mit einer neuen Bezeichnung auch ein neues Verständnis dessen verbunden ist, was Menschen im Unternehmen tun – bzw. wofür sie sorgen.

Bei eingeführten Begrifflichkeiten – z. B. der Kommissioniererin im Lager – ist es dagegen wichtig, diese neu zu füllen. Eine Kommissioniererin ist dann z. B. nicht mehr diejenige, die die Waren aus dem Regal holt und auf den Kommissionierwagen sortiert, sondern sie ist die Person, die dafür sorgt, dass die Kundinnen und Kunden genau das bekommen, was sie bestellt haben. Damit legt sie die Basis für Kundenzufriedenheit und sie ermöglicht den Kollegen, die nach ihr kommen, ein reibungsloses Weiterbearbeiten der Aufträge. Oder umgekehrt formuliert: Wenn die Kommissioniererin die falschen Waren aus dem Regal holt, zieht dies einen langen »Rattenschwanz« an Mehraufwand hinter sich her, im Zweifel bis hin zur Reklamation des Kunden.

Auf eine solche verantwortungsvolle Arbeit ist es viel leichter möglich stolz zu sein – und sie mit dem dazugehörigen Verantwortungsgefühl und der notwendigen Akribie auszuführen.

Durch eine solche Rollendefinition wird die Bedeutung des Tuns der Einzelnen, auch für die Mitarbeitenden der angrenzenden Bereiche, viel deutlicher – und die Wahrscheinlichkeit steigt, dass ihm die entsprechende Wertschätzung entgegengebracht wird.

Über die Notwendigkeit und positiven Effekte einer Wertschätzungskultur werden wir in Kapitel 9 noch ausführlich eingehen.

ES KLOPFT
HEREIN, WENN SIE ETWAS GESTALTEN WOLLEN!
GESTALTUNGS-RAHMEN
KLOPF
KLOPF
KLOPF

5.3 Flexibilität und Geschwindigkeit

Große SPIELRÄUME und definierte RAHMEN nutzen den Menschen und der Organisation.

Diese Organisationselemente bringen nicht nur dadurch etwas, dass sie die einzelnen Menschen stärken und ermuntern, ihre individuelle Klugheit und Kreativität ins Unternehmen einzubringen, sondern sie bringen auch der Organisation mehr Flexibilität und Geschwindigkeit und einen klügeren Umgang mit Komplexität!

- Weil die Menschen – in dem gegebenen Rahmen – flexibler in ihren Handlungen und selbstständiger in ihren Entscheidungen sein können. Weisungs-, Kontroll- und Absicherungskommunikation kann wegfallen und eine direkte, spontane Kommunikation mit den Menschen, die für die aktuelle Aufgabenerledigung oder Lösungsfindung gebraucht werden, wird möglich.
- Weil nicht mehr gilt: »oben wird gedacht, unten wird gemacht«, sondern »unten gedacht und gemacht werden kann« – und sich so die Intelligenz und die Kreativität der Einzelnen im Sinne des Ganzen im Unternehmen ausbreiten und verknüpfen kann.

Das heißt:
Große Gestaltungsspielräume sowie ein klar definierter Rahmen und passende Rollenbeschreibungen ermöglichen, dass Menschen aufblühen und kollektive Klugheit möglich wird!

6 Offenlegung der Kontrollkriterien – Selbstkontrolle ermöglichen

Wer selbst gestalten soll, der muss auch selbst entscheiden können.

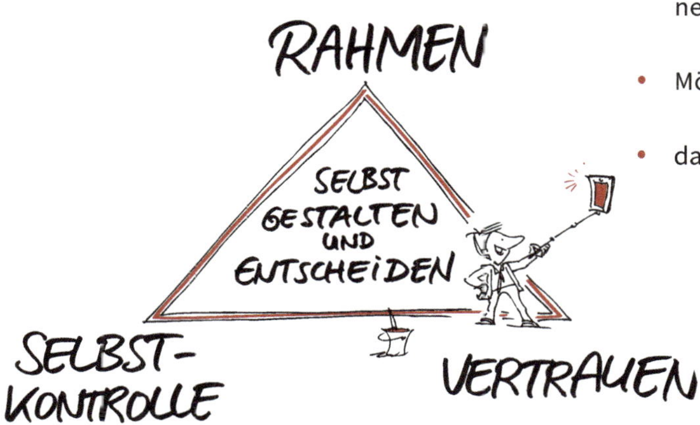

Um das gut tun zu können, brauchen Mitarbeiter und Mitarbeiterinnen Dreierlei:

- einen RAHMEN, an dem sie sich orientieren können,
- Möglichkeiten zur SELBSTKONTROLLE und
- das VERTRAUEN ihrer Führungskräfte.

Beginnen wir mit dem letzten Punkt: VERTRAUEN

Entscheidend ist hier die Reihenfolge, wie das Vertrauen vergeben wird:

falsch: Der Mitarbeiter muss sich erst einmal das Vertrauen »verdienen«, bevor die Führungskraft peu à peu die Zügel lockerer lässt.

richtig: Die Führungskraft geht mit ihrem Vertrauen in Vorleistung – und gibt ihren Mitarbeitern und Mitarbeiterinnen alles an die Hand, was sie brauchen, um sich selbst überprüfen zu können und eigenständige »gute« Entscheidungen treffen zu können.

Wenn dann Fehler passieren oder sich Entscheidungen im Nachhinein als falsch herausstellen, ist das ein Anlass für die Führungskraft, sich die Frage zu stellen:

> Was kann ich noch tun, um meiner Mitarbeiterin die ausreichende Basis für ihre Entscheidungen zu geben, damit sie in ihrem operativen Geschäft mindestens genauso gute Entscheidungen fällen kann wie ich?

Oder anders formuliert:

> Wo gibt es noch Informationen in meinem Kopf – oder an Stellen, zu denen nur ich Zugang habe – die meinen Mitarbeitern noch nicht als Basis für ihre Entscheidungen zur Verfügung stehen?

Um diese »Informationen im Kopf« geht es in diesem Kapitel.

Im nächsten Kapitel geht es dann darum, die Datenbasis der Mitarbeiter und Mitarbeiterinnen für das Abwägen der eigenständigen Entscheidungen zu verbreitern.

Wenn das Ziel ist, die Möglichkeiten zur Selbstkontrolle zu erhöhen, dann stellt sich zunächst die Frage:

6.1 Was passiert eigentlich, wenn kontrolliert wird?

Kontrolle ist immer ein Soll/Ist-Abgleich.

Manche Kontrollkriterien sind objektiv, zum Beispiel bei Werkstücken (Maße, Gewicht etc.). Solche Ergebnis-Kontrollen werden heute und in Zukunft in der Regel maschinell (unterstützt) ablaufen. Und für den Rest, der (noch) nicht maschinell zu kontrollieren ist, gibt es Checklisten und Ähnliches, die es einzuhalten und abzuhaken gilt. Das ist eindeutig und insofern einfach.

Allerdings: Hier geht es in den allermeisten Fällen gar nicht um echtes Entscheiden (vgl. Kap. 4), sondern um das Einhalten von Regeln und Vorschriften.

Viel häufiger jedoch sind Kontrollkriterien subjektiv:

- Wann ist die Dekoration **schön**? Wann ist sie **originell**?
- Wann ist ein Verhalten **kundenorientiert**? Wann ist ein Verhalten *besonders* **freundlich**?
- Wann ist ein Text oder eine Präsentation **fertig**?

Hier beginnt die Herausforderung für Führungskräfte:

Wir Menschen neigen dazu, das, was wir für gut und schlecht, für richtig und falsch, für fertig oder unfertig halten als das Selbstverständliche zu nehmen. Das geht zum Teil auch gar nicht anders, weil wir vieles davon in einem Alter gelernt haben, als wir die Kriterien, die wir da verinnerlicht haben, noch gar nicht bewusst reflektieren konnten.

Das ist normal und in der Regel auch gar kein Problem. Das Problem entsteht erst dann, wenn Sie Führungskraft sind und möchten, dass Ihre Mitarbeiterinnen und Mitarbeiter flexibel handeln und eigenständig entscheiden.

Denn das, was in Teams automatisch passiert, wenn ihnen diese Kriterien für »gutes und richtiges Entscheiden« **nicht** explizit und klar sind, ist Folgendes:

Ihre Mitarbeiter und Mitarbeiterinnen fragen sich:

Was wäre denn nun das, was meine Führungskraft wollen würde? Was sie machen würde?

An dieser Stelle besteht die große Gefahr, dass Führungskräfte sich in einen **Teufelskreis** hineinbegeben:

Wenn Sie hier kein Vorschuss-Vertrauen geben, sondern immer mal wieder Nachkontrollieren, ob Ihre Mitarbeiter es auch wirklich richtig gemacht haben, verstärken Sie diese Tendenz, dass die Mitarbeiter aus Ihrem Verhalten Ihre Kontrollkriterien herauszulesen versuchen – damit sie es selber »richtig« machen können.

Das Vertrauen des Mitarbeiters in das eigene Urteil wird so untergraben, Eigeninitiative unterbunden, Kreativität gehemmt und über die Zeit wird sich schwindendes Engagement zeigen.

Stattdessen wird das gesamte Handeln am »Kontrollsystem« ausgerichtet.

Das »Erraten« der subjektiven Kontrollkriterien ersetzt das Lernen in der Sache.

In der Folge werden Ihre Mitarbeiter immer mehr auf Anweisungen bzw. Rückmeldungen warten und sich genau an die Vorschriften halten, statt situativ angepasst, direkt zu reagieren.

Das gleiche geschieht, wenn Sie sich z. B. immer wieder in Details des operativen Geschäfts einmischen oder Entscheidungen, die ein Mitarbeiter getroffen hat, wieder revidieren.

Um Missverständnisse zu vermeiden: Es ist nicht gemeint, Kontrollen zu unterlassen, die im Sinne der Sicherheit (4-Augen-Prinzip) notwendig sind. Diese können in den meisten Fällen allerdings auch sehr gut durch Kollegen durchgeführt werden, was diese Kontrollen weniger kritisch für die Vertrauensverhältnisse macht.

Entscheidend ist der Unterschied,

- ob die Führungskraft in gemeinsam definierten Fällen noch mal ihr Okay gibt (manchmal ist das auch aus rechtlichen Gründen notwendig) – das ist unproblematisch, oder
- ob die Führungskraft unabgesprochene, für die Mitarbeiter unberechenbare »Stichproben-/Nach-Kontrollen« durchführt – was von den Mitarbeitern als Misstrauensbeweis interpretiert wird und sie in ihrem eigenständigen Handeln verunsichert.

Der Effekt im zweiten Falle ist, dass die Mitarbeiterinnen und Mitarbeiter quasi »in die falsche Richtung« schauen – mit fatalen Auswirkungen:

Der Blick auf die Führungskraft verhindert den Blick auf das Eigentliche – nämlich die Sache und den Kunden!

6.2 Was ist die Alternative?

Die Kriterien für gut/schlecht, richtig/falsch und fertig/unfertig müssen raus aus den Köpfen der Führungskräfte und als Selbstkontroll-Kriterien als wesentliche Elemente der Orientierung in den Fluss der Kommunikation gebracht werden.

Alle sollten wissen: Was wird als gut (fertig, richtig) erachtet und warum?

In klugen Unternehmen führt dies zu ganz bedeutsamen Diskussionen, die auch geführt werden müssen!

Führungskräfte müssen diese Diskussionen anregen und zulassen – sie müssen zulassen, dass ihre eigenen Kriterien öffentlich werden und damit kritisierbar, aber auch qualitativ erweiterbar in dem Sinne, dass weitere Perspektiven und Erfahrungen mit einfließen können.

Nur so können die Kriterien der Führung zur Grundlage für Entscheidungen werden, an den Orten im operativen Geschäft, wo sie täglich situativ von den Mitarbeitern getroffen werden müssen.

Unterschätzen Sie diese Aufgabe der Veröffentlichung Ihrer Kriterien nicht!

Dieser Bereich des Selbstverständlichen, den wir im Kopf haben, ist sehr, sehr groß! Dieses Feld zu beleuchten und öffentlich zu machen ist ein langer Prozess und er erfordert die Bereitschaft zur Selbstreflexion – denn ganz häufig wissen wir eben selbst gar nicht, was uns so selbstverständlich ist.

Das heißt, jede Situation, in der Sie das Gefühl haben, *hier hätte man doch anders entscheiden müssen* – oder hier hätte man *überhaupt entscheiden* müssen, sollte ein Anlass sein, sich darüber mit Ihren Kolleginnen und Kollegen auszutauschen:

- Was sind hier bei uns die Kriterien für gut und schlecht, fertig und unfertig, richtig und falsch?

Die Folge ist: Mit der Zeit werden aus Ihren Kriterien die expliziten Kriterien Ihres Teams bzw. Ihres Unternehmens!

AUCH VERHALTENSNORMEN, WERTE UND PRINZIPIEN SIND KRITERIEN

Auch auf der Ebene des Sozialverhaltens bewerten wir Menschen – und damit auch jede Führungskraft – ständig: Finden wir das erlebte Verhalten in Ordnung – oder verstößt es gegen unsere persönlichen Werte und Prinzipien? Auch auf dieser Ebene versuchen Mitarbeiterinnen und Mitarbeiter ständig, herauszufinden, was hier erwünscht und was unerwünscht ist.
Das heißt: Auch diese Kriterien müssen in die Kommunikation gebracht werden, damit sie Orientierung geben und sie reflektiert werden können: Sind das die Werte und Prinzipien, die für das ganze Team oder das ganze Unternehmen gelten sollen? (Dieses Thema vertiefen wir in Kapitel 13).

Das heißt: Um Flexibilität im täglichen Handeln sowie Entscheidungsfähigkeit und -freude zu fördern, sollte die Führung ihre Kontrollkriterien offenlegen, hierarchische Fremdkontrolle abbauen und den »Regler immer weiter in Richtung Selbstkontrolle ziehen«.

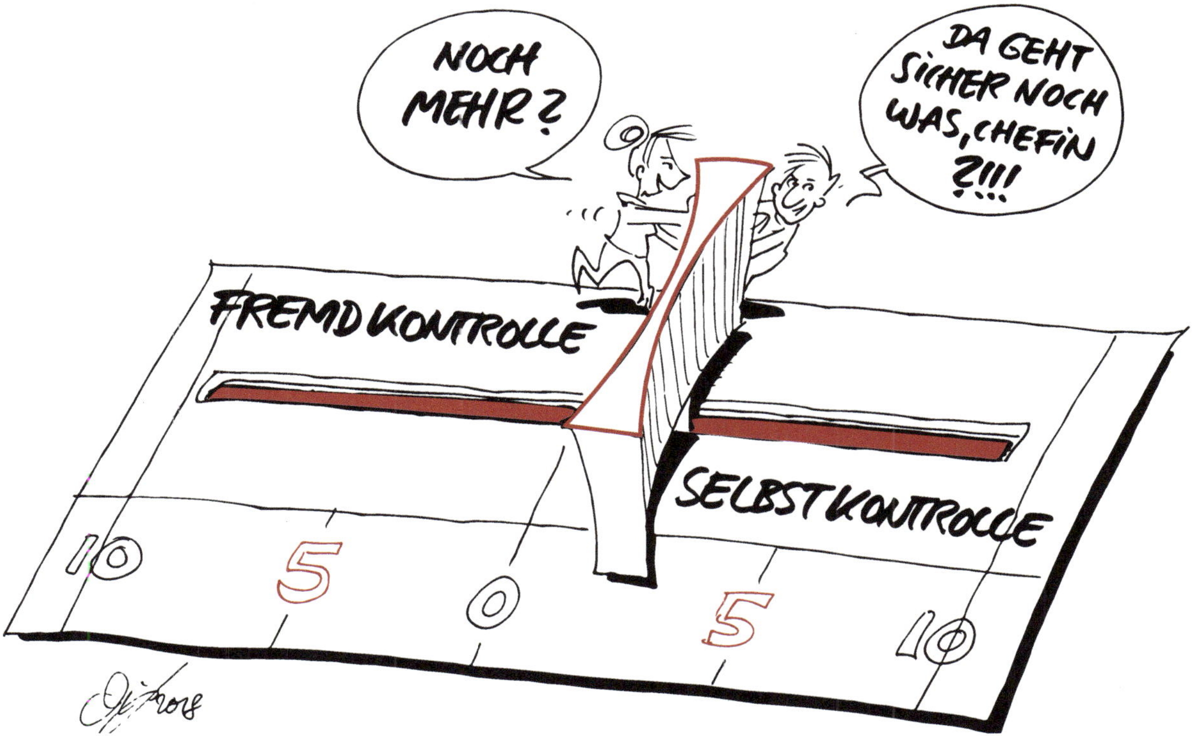
NOCH MEHR?
DA GEHT SICHER NOCH WAS, CHEFIN ?!!!
FREMDKONTROLLE
SELBSTKONTROLLE
10
5
0
5
10

7 Erfolg definieren und reflektieren

Damit die Kollegen und Kolleginnen in ihrem operativen Geschäft mindestens so gute Entscheidungen treffen können wie ihre Führungskraft, benötigen sie – neben dem Verständnis der Gütekriterien – Zugriff auf und Kenntnis von hierzu RELEVANTEN DATEN UND HINTERGRUNDINFORMATIONEN: Sie müssen die Auswirkungen ihrer Entscheidungen einschätzen und ihre Relevanz einordnen können.

Diese Informationen adäquat zu bündeln und aufzubereiten (also die Menschen nicht mit »dem großen Ganzen« zu überfrachten) und wirksam in die Kommunikation zu bringen, ist eine nicht zu unterschätzende Führungsaufgabe.

7.1 Schritt 1: Schlüsselindikatoren und -kriterien identifizieren

Wesentlich ist, dass alle Team-Mitglieder die Faktoren und Messgrößen kennen und verstehen, die den Erfolg ihrer Tätigkeit am stärksten beeinflussen und dass sie erkennen, wie sie diese selbst beeinflussen können!

Um eine gute Orientierung für die Einschätzung von Relevanz und Auswirkungen von täglichen Entscheidungen zu haben, ist es in der Praxis sehr hilfreich, wenn Führungskräfte – gemeinsam mit ihren Teams – folgende Fragen bearbeiten:

Was heißt für uns Erfolg?

Wichtig ist es hier, nur die Punkte herauszuarbeiten, die die Arbeit des eigenen Teams betreffen:

Was ist unser Beitrag zum Gesamten? Was hängt an uns? Was können wir beeinflussen?

Erfolg kann sich dabei beziehen auf

- Ergebnisse (z. B. Menge oder Qualität)
- Leistung (z. B. Schnelligkeit, Effizienz, Effektivität)
- Aber Erfolg kann sich auch auf »weiche Faktoren« beziehen, wie z. B. Arbeitsfreude, Gesundheitszustand oder eine schnelle und effektive Einarbeitung neuer Kolleg/innen.

Wenn klar ist, was genau Erfolg für unser Team ist, stellt sich die Frage:

Wie messen wir diesen Erfolg?
Hier gilt es als erstes zu unterscheiden:

- Welche Aspekte können gemessen werden (in Zahlen)?

- Welche Aspekte müssen (subjektiv) beurteilt werden (über Kriterien)?

Danach stellen sich die Fragen:

- Welche Zahlen und Daten *brauchen* wir?

- Welche Zahlen und Daten *haben* wir?

- Auf welcher Basis führen wir unsere Beurteilungen durch? (z. B. Kunden-Feedbacks, Peer-Audits)

Und schließlich ist es in den meisten Fällen sinnvoll, »Grenzwerte« festzulegen:

- Wann genau gilt etwas als sehr gut, gut, ungenügend?

Dabei geht es nicht immer um »höher, schneller, weiter«, sondern manchmal auch um »Passung«: z. B. darum, nur genau so viel zu produzieren, wie aktuell ins Lager passt, um einen optimalen Durchfluss zu gewährleisten.

7.2 Schritt 2: Schlüsselindikatoren und -kriterien in Relation bringen

Hier lautet die zentrale Frage:

Mit wem oder was wollen wir uns vergleichen?

Die einfachsten – und daher auch am häufigsten praktizierten – Formen des Vergleichens sind:

- sich mit sich selbst zu vergleichen (z. B. Vorjahresvergleich)

oder

- die gemessenen Werte mit geplanten Werten zu vergleichen (das wird meist Ziel-Vergleich genannt)

Die Frage, die sich hier stellt, ist allerdings folgende:

Womit vergleichen wir uns hier eigentlich?!

DIE PROBLEMATIK ABSOLUTER PLANZAHLEN

Wird hinsichtlich der Schlüsselindikatoren mit absoluten Planzahlen gearbeitet, vergleicht man seine Ergebnisse quasi mit ausgedachten Zahlen, die mit der Realität gegebenenfalls nicht viel zu tun haben.
Beispiel:
Bei dem gesetzten Ziel: »Ende des Jahres wollen wir eine Umsatzrendite von 5 % erreicht haben«. Und dem erreichten Ergebnis von 5,5 % suggeriert der Plan-Ist-Vergleich: »Erfolg!«. Ist die Umsatzrendite bei vergleichbaren Wettbewerbern in diesem Jahr bei durchschnittlich 6,5 % und die des wichtigsten Konkurrenten sogar 7 %, ist der erreichte Wert wahrscheinlich jedoch kein echter Erfolg, sondern eher bedenklich.

Darum sind relative Ziele besser als absolute!
Damit Mitarbeiter und Unternehmen sich durch Plan-Ist-Vergleiche nicht systematisch von der Realität abkoppeln (siehe Bsp. oben), sollten möglichst MARKT-IST-VERGLEICHE hinsichtlich der Schlüsselin-

dikatoren gesucht und gefunden werden! Der direkte Vergleich mit dem Wettbewerb gibt mir viel bessere Informationen darüber, wo das eigene Unternehmen gerade steht, als mich mit meinen eigenen Zahlen zu vergleichen (vgl. hierzu Pfläging 2006, 108f.).

Jedes Team sollte sich daher die folgenden Fragen beantworten:

- Was wissen wir über aktuelle externe Benchmarks?
- Wie kommen wir an gehaltvolle Informationen über den Wettbewerb?

Wo Antworten hierauf nicht möglich sind, da ist es dann die zweitbeste Möglichkeit, wenn man fragt:

- Welche internen Vergleichsmöglichkeiten haben wir?
- Gibt es im Unternehmen vergleichbare Bereiche? Können wir uns sinnvolle herausfordernde Ziele im Vergleich zu früheren eigenen Leistungen setzen?

WAS WIR UNTER EINEM TEAM VERSTEHEN

Der Begriff »Team« wird heutzutage inflationär gebraucht, häufig als Synonym für ganze Abteilungen oder Bereiche. Wenn wir in diesem Buch von Teams sprechen, dann meinen wir damit »echte« Teams nach der Definition von Fritz Simon: Nämlich Gruppen von maximal zwölf Personen, welche die mehr oder weniger tägliche Möglichkeit und Notwendigkeit zur Face-to-Face-Kommunikation haben (vgl. Simon 2009, 143). Bei Teams in diesem Sinne passiert die Zusammenarbeit durch die »Koordination der Handlungen durch die Kommunikation unter Anwesenden« im Gegensatz zu den in größeren Organisationsformen notwendigen Formen von Bürokratie und dem Einsatz technischer Kommunikationsmedien (vgl. ebd.).

7.3 Schritt 3: Selbst gesetzte Teamziele statt individueller Zielvorgaben

Da Unternehmen auf Arbeitsteilung beruhen und es unzählige Abhängigkeiten der Tätigkeiten untereinander gibt, ist daraus die logische Konsequenz:

- Es gibt keine individuelle Leistung in Unternehmen, und darum machen weder individuelle Ziele noch individuelle Leistungsmessungen Sinn!

Mehr Sinn – und mehr Freude! – macht es, wenn ein Team auf der Basis der oben aufgeführten Fragen die eigene Arbeit regelmäßig reflektiert und sich daraus selbst Ziele setzt.

Auf der Basis klar definierter Rollen im Team leiten sich die Ziele der Einzelnen daraus quasi automatisch ab. Und es bedarf keiner Führungskraft oder Personalabteilung mehr, die die Zielerreichung überprüft: Diese Aufgabe erledigt das Team selbst.

Positiver Gruppendruck wirkt besser als jede sorgfältig formulierte Einzel-Zielvorgabe – und ist wesentlich angenehmer für die Einzelnen, da sich der Sinn des eigenen Bemühens jederzeit für alle nachvollziehbar erschließt.

Zusammenfassend kann man sagen:
Eine wesentliche Basis für erfolgreiches, eigenverantwortliches Handeln im Team ist es, zu wissen, wie genau sich der eigene Erfolg definiert und wie er gemessen werden kann.

Wenn dann regelmäßig gemeinsam auf die Ergebnisse geschaut wird und das Handeln im Team darauf aufbauend aufeinander abgestimmt wird, braucht es in Bezug auf das tägliche Geschäft keine von außen vorgegebenen Ziele mehr. Jeder im Team kennt selbst die Richtung – und weiß, was der eigene Beitrag zum Gesamten ist. Auf dieser Basis gedeihen Motivation und Eigenverantwortung quasi »von alleine«.

Dass es auch Situationen gibt, in denen Teams »Anregung« von außen gebrauchen können, darauf gehen wir in Kapitel 12 ein.

Das »Prinzip Karotte«, das meint, man müsse die Karotte dem »Esel« vor die Nase halten, damit er sich in die richtige Richtung bewegt, hat in klugen Unternehmen in jeglicher Form endgültig ausgedient.

DATEN
ZIELE
MA
MA
MA
MA
FÜHRUNGSKRAFT

8 Sicherheit gewährleisten

Viel Freiraum und definierte Rahmen, klare Kriterien und ein gemeinsames Verständnis für Erfolg sind wichtige Elemente beim Bau kluger Unternehmen. Aber sie werden alle ihre Wirkung verfehlen, wenn zwei innerbetriebliche Kultur-Aspekte nicht gewährleistet sind:

- Sicherheit,
- Wertschätzung und Anerkennung.

Nur in einer sicheren Umgebung werden sich die Menschen trauen, Eigeninitiative und Kreativität zu zeigen.

Und nur, wenn sie sich in ihren Leistungen und in ihrer Person anerkannt fühlen, werden Mitarbeiterinnen und Mitarbeiter dauerhaft bereit sein, dem Unternehmen ein hohes Engagement zu schenken.

In diesem Kapitel widmen wir uns dem Thema SICHERHEIT.

Im nächsten geht es um Wertschätzung und Anerkennung.

WIR ZIEHEN DURCH !!!
ABER ...
UNTERNEHMEN
GEFAHR
DEFINIERTER RAHMEN
FREIRAUM
KLARE KRITERIEN
GEMEINSAMES VERSTÄNDNIS VON ERFOLG!
SICHERHEIT
WERTSCHÄTZUNG
2018

Letztendlich kann man sagen, dass alle Themen der vorangegangenen Kapitel dazu dienen, zu zeigen, wie man den in einer Organisation arbeitenden Menschen einen sicheren Raum für ihre Arbeit zur Verfügung stellt. Ob es sich um ermunternde Kommunikation oder um klare Rahmen und Kriterien handelt, es geht immer darum, die Sicherheit für selbstverantwortliches Handeln zu erhöhen.

In diesem Abschnitt wollen wir noch einmal das Bewusstsein für die zentrale Führungsaufgabe SICHERHEIT GEWÄHRLEISTEN schärfen und einen wesentlichen Punkt hinzufügen:

- einen förderlichen Umgang mit Fehlern und »falschen« Entscheidungen.

  Wenn Unternehmen wollen, dass die in diesem arbeitenden Menschen möglichst eigenständig in ihrem Arbeitsfeld entscheiden, ist es notwendig, sehr genau darauf zu achten, wie im Nachhinein mit diesen getroffenen Entscheidungen umgegangen wird.

Mitarbeiter und Mitarbeiterinnen dürfen nicht befürchten müssen, dass ihre Entscheidungen

- (öffentlich) in Frage gestellt,
- (öffentlich) kritisiert,
- ignoriert,
- oder boykottiert

werden.

Und das auch dann nicht, wenn ihre Entscheidungen sich tatsächlich im Nachhinein als falsch herausstellen sollten.

Denn – eine kleine Erinnerung an Kapitel 4 – »echte« Entscheidungen sind solche, bei denen im Moment der Entscheidung noch gar nicht mit absoluter Sicherheit gesagt werden kann, dass sie sich als richtig herausstellen werden. Beim echten Entscheiden geht es um ein Abwägen zwischen widerstreitenden Prioritäten, und ob man in diesem Moment »richtig« abgewogen hat, das stellt sich erst in der Zukunft heraus.

Was folgt daraus?

Das Prinzip der guten Gründe

Die Menschen in einem Unternehmen können nur dafür sorgen, dass sie ihre Entscheidungen sorgfältig abwägen und das auf einer möglichst breiten Informationsbasis.

Das heißt, Mitarbeiter sollten »gute Gründe« für ihre Entscheidungen haben. Das ist ihre Verantwortung. Und hier endet sie auch.

Wenn eine sorgfältig abgewogene Entscheidung sich im Nachhinein als falsch herausstellt, muss die **Organisation als Ganzes** dafür die Verantwortung tragen. Die Person, die entschieden hat, muss vor jeglichen Sanktionen geschützt werden.

Voraussetzung für das Vorgehen nach diesem »Prinzip der guten Gründe« ist eine offene Diskussion darüber, was als »guter Grund« gilt. Entscheidungen, die sich im Nachhinein als falsch herausstellen, sind jeweils ein Anlass für eine solche Diskussion.

Diese Pflicht, seine Entscheidungen begründen zu können, darf nicht nur für die operative Ebene gelten.

Es sollte vielmehr umgekehrt gelten:
JE WEITREICHENDER DIE ENTSCHEIDUNG, DESTO GRÖßER DIE BEGRÜNDUNGSNOTWENDIGKEIT!

In vielen Unternehmen wird es eher umgekehrt gehandhabt: Die operativen Mitarbeiter und Mitarbeiterinnen müssen meistens ausführlich Rede und Antwort stehen, während die obere Ebene viel weitreichendere Entscheidungen fällt und sie oft nicht für alle nachvollziehbar begründen muss. Die teuren Fehlentscheidungen bei VW, Deutscher Bank und Co sind nicht von »einfachen« Mitarbeitern getroffen worden …

Für alle anderen FEHLER gilt das Gleiche:

Niemandem im Unternehmen sollte unterstellt werden, dass er absichtlich Fehler machen will. Wenn sie trotzdem passieren, geht es darum, die Prozesse und Dynamiken zu untersuchen, die dazu geführt haben. Es ist Aufgabe der Führung, sicher zu stellen, dass aus Fehlern gelernt wird – und dass die Gründe für ihre Entstehung beseitigt werden. Deshalb sollten Führungskräfte für ein Klima sorgen, in dem sich alle trauen, Fehler zu melden.

In einer klugen Organisation geht es daher nie um die Suche nach einem Schuldigen. Und es wird nie jemand für einen Fehler bestraft. Kluge Organisationen wissen, dass Fehler immer aus einem Zusammenwirken verschiedener Faktoren resultieren.

Fazit: Menschen müssen wissen, was mit ihren Entscheidungen passiert, damit sie sich trauen, eigenständig welche zu treffen. Sie müssen darauf vertrauen können, dass sie von der Organisation geschützt werden, sollten sich ihre Entscheidungen im Nachhinein als falsch herausstellen.

9 Wertschätzung und Anerkennung

Wertschätzung und Anerkennung sind ebenso basale Punkte wie Sicherheit.

Ohne eine Kultur der Anerkennung und Wertschätzung wird es in einem Unternehmen keine kollektive Klugheit geben.

Um Missverständnisse zu vermeiden, klären wir zunächst ein paar Begriffe:

LOB

Lob ist etwas völlig anderes als Anerkennung.
Lob ist eine Bewertung von oben nach unten innerhalb eines hierarchischen Machtverhältnisses:
Die Mutter lobt das Kind, der Lehrer lobt den Schüler, etc.
Lob kommt meistens unspezifisch daher, im Sinne von »Das haben Sie sehr gut gemacht.«
Aber selbst, wenn das Lob spezifischer ausgedrückt wird, bleibt es ein subjektives Bewertet-Werden.

Lob ist in aller Regel nicht schädlich, aber in klugen Unternehmen unnötig.

ANERKENNUNG

Mit Anerkennung meinen wir, angelehnt an Liv Larsson, eine ehrliche Rückmeldung zu dem Beitrag, den jemand geleistet hat bzw. zu den Auswirkungen seines Tuns (Larsson 2016, 40).
Anerkennung ist also eine Form von Feedback.
Durch Anerkennung geben wir jemandem die Antwort auf die Fragen:

- Was sind die Wirkungen meines Tuns innerhalb dieser Organisation?
- Was ist mein Anteil?

WERTSCHÄTZUNG

Wertschätzung ist eine Haltung.
Wertschätzung ist eine Form der aufmerksamen Wahrnehmung, im Sinne von »Ich sehe deine Bemühungen, deinen Einsatz, deinen Mut.«
Wertschätzung kann man nicht nur fachlichen Leistungen gegenüber ausdrücken, sondern z. B. auch im Hinblick auf

- Tugenden (z. B. Gewissenhaftigkeit, Zuverlässigkeit)
- Persönlichkeitsmerkmale (z. B. »Ihre freundliche Art«, »Ihr Humor«, »Ihre Ruhe und Gelassenheit im größten Chaos«)
- das Übernehmen unliebsamer oder zusätzlicher Arbeiten (hier drückt sich die Wertschätzung am besten in ausgesprochenem Dank aus).

9.1 Wertschätzung: Fokus auf das Gute

Führungskräfte fokussieren häufig – ohne, dass es ihnen bewusst ist – auf problematische Mitarbeiter.

Dieser Fokus prägt dann nicht selten ihr Verhalten und ihre Erwartungen gegenüber ALLEN Mitarbeitenden.

In der Folge richten diese Führungskräfte ihr Verhalten an einer kleinen Minderheit statt an der Mehrheit aus:

- sie misstrauen,
- sie spenden wenig Anerkennung,
- negative Leistungen werden überbetont,
- sie stellen lauter kleinteilige Regeln und Verbote auf.

All das sendet keine aufbauenden, sondern eher entmutigende Signale an die vielen Mitarbeitenden, die sich um gute Leistungen bemühen. Und die, die es treffen soll, verstehen die Botschaft oft noch nicht einmal.

Das ist also kein guter Weg für kluge Organisationen.

Viel klüger ist es, grundsätzlich den FOKUS AUF DAS GUTE zu richten:

- Machen Sie sich als Führungskraft immer wieder klar, dass die deutliche Mehrheit der Mitarbeiter gut und gerne arbeitet oder arbeiten möchte.
- Entwickeln Sie die Mitarbeiter entlang ihrer Stärken und setzen sie diese entsprechend ein.
- Vermeiden Sie (unabsichtlich) destruktive und unvollendete Kommunikation (siehe Kapitel 3).
- Zeigen Sie Ihr Interesse an den Menschen.
- Geben Sie Raum, um das Gute zur Sprache zu bringen. Zum Beispiel zu Beginn jeder Besprechung: Was ist uns in der vergangenen Woche gut gelungen?

9.2 Anerkennung: Feedback geben

Liv Larsson schreibt in ihrem Buch »Dankbarkeit, Wertschätzung und Glück«:

Einen Beitrag zum eigenen Leben und dem der Mitmenschen zu leisten ist eines der stärksten menschlichen Bedürfnisse. Es erfüllt uns mit Sinn, zu spüren, dass wir bedeutsam sind, und zu sehen, dass die Dinge, für die wir uns ins Zeug gelegt haben, wachsen und gedeihen. Daher gibt es uns Energie zu erfahren, inwiefern unser Tun einen Beitrag geleistet hat. (Larsson 2016, 40)

Und ein paar Sätze weiter grenzt sie dieses Bedürfnis noch einmal klar vom Gelobt-Werden ab:

Wir haben kein Bedürfnis zu hören, dass wir etwas taugen oder fleißig sind, aber wir haben alle das Bedürfnis, gesehen und gehört zu werden. (ebd.)

Wie kann Anerkennung konkret in Unternehmen umgesetzt werden?

Durch Feedback-Systeme, die auf zwei Feldern Rückmeldungen geben:

- **Leistungen und Ergebnisse**
- **Sozialverhalten und Zusammenspiel im Team**

Diese Feedback-Systeme sollten vorzugsweise auf Team-Ebene installiert werden – und die Kriterien für die Rückmeldungen vom Team erarbeitet werden:

Leistungen und Ergebnisse

Bearbeiten Sie mit Ihrem Team die Schritte 1 und 2 aus Kapitel 7:

- Identifizieren Sie die Schlüsselindikatoren und -kriterien Ihres Teams und bringen Sie sie in eine sinnvolle Relation.
- Erstellen Sie auf dieser Basis eine leicht verständliche Visualisierung, z. B. eine Tafel, auf der alle Mitarbeiter und Mitarbeiterinnen die Team-Ergebnisse sehen können.
- Führen Sie regelmäßige Besprechungen ein, in denen das Team gemeinsam auf die Ergebnisse schaut.

In manchen Unternehmen sind tägliche Kurz-Besprechungen sinnvoll, in anderen reichen wöchentliche Besprechungen.

Ganz wichtig: Auch hier gilt das Prinzip »FOKUS AUF DAS GUTE«.

In aller Regel gibt es deutlich mehr gute Leistungen als schlechte und das sollte sich in den Feedbacks auch widerspiegeln.

Sozialverhalten und Zusammenspiel im Team

Am einfachsten ist es hier, wenn es im Unternehmen bereits Werte und Prinzipien gibt, auf die Sie sich gemeinsam verständigt haben.

Dann bilden diese die Basis für die regelmäßigen Feedback-Runden im Team:

Wie gut haben wir uns – z. B. in der letzten Woche – an unsere Werte und Prinzipien gehalten?

- Welche Beispiele fallen uns ein, wo uns das gut gelungen ist?

- Welche Beispiele gibt es, an denen wir unsere Werte und Prinzipien verletzt haben?
  Hierzu können dann im Team gemeinsam Lösungen entwickelt werden:

  - Was waren die Gründe für die Verletzung?
  - Wie wollen wir in Zukunft mit solchen Situationen umgehen?
  - Was brauchen wir, damit es für uns möglich/leichter wird, unsere Werte und Prinzipien einzuhalten?

Wenn Sie noch keine gemeinsam abgestimmte Werte-Basis haben, dann können Sie diese auch peu à peu im Team erarbeiten, zum Beispiel, indem Sie in jeder Teambesprechung folgende Fragen stellen: Wie haben wir in dieser Woche zusammengearbeitet?

- Was war gut? Was hat mir gefallen?
- Was war nicht gut? Was hätte ich mir anders gewünscht?

Durch den Austausch der subjektiven Einschätzungen untereinander werden mit der Zeit die Regeln sichtbar werden, an die sich das Team in seiner Zusammenarbeit halten möchte. Es ist hilfreich, diese dann auch schriftlich festzuhalten, damit neue Mitarbeiter und Mitarbeiterinnen leichter ins Team integriert werden können.

Menschen wollen wissen, welche Auswirkungen und Effekte ihre Arbeit auf das Gesamte hat, wie ihre Leistungen gesehen werden und ob sie als Team gemeinsam auf dem richtigen Weg sind.

Anerkennung in Form von Feedback ist daher DER Schlüssel zur Selbststeuerung und Selbstorganisation von Menschen und Teams und gleichzeitig der Humus, auf dem dauerhaftes Engagement gedeihen kann.

10 Sinn anbieten

Niklas Luhmann, einflussreicher Soziologe des 20. Jahrhunderts, hat sich Zeit seines Forschungslebens mit den Themen beschäftigt, um die es in diesem Buch geht: Mit Kommunikation und mit der Frage, wie Organisationen funktionieren. Eine grundlegende Erkenntnis seines umfangreichen Werkes ist folgende:

Es gibt eine Kategorie, hinter die wir Menschen in unserer Kommunikation nicht zurück können, eine, die immer bleibt, so sehr wir uns auch bemühen würden, sie zu umgehen – und das ist SINN.

Denn, so seine Begründung, selbst wenn ein Mensch sagen würde, für mich gibt es keinen Sinn, sagt er damit: »Ich halte es für sinnvoll, die Dinge/das Leben für sinnlos zu halten.« (vgl. Luhmann 1991, 96)

Das bedeutet:

Wir Menschen können nicht anders, als in dem, was uns kommunikativ begegnet, den Sinn zu suchen bzw. uns daraus einen Sinn zu konstruieren.

Und wenn Unternehmen aus Kommunikation bestehen, wie wir in Teil 1 ausführlich dargelegt haben (im Übrigen zu großen Teilen basierend auf Luhmanns Ideen zur Kommunikation), heißt das, die Menschen, die in einem Unternehmen arbeiten, werden immer

einen Sinn suchen in dem, was ihnen dort (kommunikativ) angeboten wird. Und von der Frage, was sie dort finden, hängt ganz wesentlich ab, ob das Gefundene für eine gelungene Zusammenarbeit förderlich oder hinderlich ist.

Wenn Mitarbeitende das Gefühl haben, der zentrale Sinn des Unternehmens, dem sie einen großen Teil ihrer Lebenszeit und Arbeitskraft zur Verfügung stellen, sei es, möglichst große Gewinne zu erzielen, dann ist das ein »Sinn-Angebot«, mit dem sich sicherlich kaum ein Mitarbeiter positiv verbinden kann.

GELD IST NOTWENDIGES MITTEL, KEIN DARÜBER HINAUSGEHENDER WERT

Jim Collins hat Ende der 1990er-Jahre eine große Studie durchgeführt, in der er besonders erfolgreiche börsennotierte Unternehmen in den USA verglichen hat mit Konkurrenzunternehmen der jeweils gleichen Branche. Aus diesem Vergleich hat er zentrale Kriterien für Unternehmenserfolg (dauerhaft bessere Aktienwertentwicklung als der Wettbewerb) abgeleitet.

Ein zentrales Erfolgskriterium ist, dass die erfolgreichen Unternehmen sämtlich übergeordnete, leitende Werte formuliert hatten, an denen sie ihr unternehmerisches Handeln spürbar ausgerichtet haben.

Jim Collins schreibt: *»Dauerhafte Spitzenunternehmen existieren nicht nur, um die Taschen der Shareholder zu füllen. Für ein echtes Spitzenunternehmen sind Geld und Gewinne nichts anderes wie Blut und Wasser für einen gesunden Körper: Sie sind zwar lebenswichtig, machen aber nicht das Wesentliche im Leben aus.«* (Collins 2005, 246)

Interessant ist, dass es nicht um das Formulieren und Umsetzen **bestimmter** Werte geht: Es gab keinen Wert, den alle untersuchten Spitzenunternehmen teilten. Jim Collins: *»Zentrale Werte sind für dauerhafte Spitzenleistung essentiell; wie diese Werte allerdings beschaffen sind, scheint völlig gleichgültig zu sein.«* (Collins 2005, 247)

Eine positive Sinn-Anbindung ist jedoch – wie in Kapitel 5 bereits erwähnt – eine zentrale Voraussetzung dafür, dass Mitarbeitende ihre individuelle Begeisterung ins Unternehmen einbringen (können).

Unternehmensleitungen sollten sich daher unbedingt Gedanken darüber machen, welchen Sinn sie ihren Mitarbeitenden anbieten können.

Wobei sie sich nicht am Reißbrett beliebig einen Sinn zusammenbasteln können, denn es gibt zwei begrenzende Faktoren:

- was das Unternehmen faktisch tut,
- die inneren Überzeugungen derjenigen, die diese Organisation führen und prägen: die Geschäftsführung, der Inhaber, die Gründerin.

Beides sind Ansatzpunkte für die Reflexion und schließlich die Formulierung des Unternehmenssinns (bzw. der Sinn-Elemente).

Frederic Laloux hat drei Jahre lang Unternehmen in der ganzen westlichen Welt untersucht, die sich radikal auf den Weg in Richtung neuer Formen von (Selbst-)Führung und Selbstorganisation gemacht haben und darüber sein viel beachtetes Buch *Reinventing Organisations* geschrieben.

Er hält das Welt- und Menschenbild des leitenden Managements für den zentralen Dreh- und Angelpunkt von Veränderungen in diese Richtung. Laloux schreibt: »Es scheint eine allgemeine Regel zu geben: Die Bewusstseinsebene der Organisation kann nicht über die Bewusstseinsebene des Leiters der Organisation hinausgehen.« (Laloux 2015, 238)

10.1 Sinnfindungsprozess

Stellen Sie sich als Unternehmensleiter als Erstes folgende Fragen:

A) Wozu gibt es unser Unternehmen?

Wenn Sie diese Frage nicht sofort beantworten können, spitzen Sie die Frage zu, um auf die wirklichen Antworten zu kommen:

- Was würde der Welt* fehlen, wenn es unser Unternehmen nicht gäbe?
  * ein bisschen kleiner geht es natürlich auch:
- Was würde unsere Stadt, dieser Region, diesem Fachgebiet fehlen, wenn es uns nicht gäbe?

B) Was will ich/wollen wir bewegen und in die Welt bringen?

Geben Sie sich dabei nicht mit oberflächlichen Antworten zufrieden (z. B. »Wir wollen die Größten auf unserem Gebiet werden«), sondern fragen Sie:

- Was ist das, was uns wirklich, wirklich antreibt?
- Welchen Sinn macht unser Beitrag für die Gesellschaft, in der wir leben?

An die Formulierung des Sinns sollte sich direkt noch eine dritte Frage anschließen:

C) Auf welche spezielle Art und Weise will ich/wollen wir dies gemeinsam tun?

Hier hoffen wir natürlich sehr, dass das vorliegende Buch Sie inspiriert in Bezug auf die Beantwortung dieser Frage. Aber da jedes Unternehmen anders ist, wird es immer notwendig sein, aus diesen Ideen eigene Formen der Zusammenarbeit zu entwickeln. Auf jeden Fall sollten Unternehmensleitungen eine konkrete Idee davon entwickeln, wie die Strukturen und Rahmenbedingungen ihres Unternehmens aussehen sollten. Das heißt, sie sollten zunächst für sich grundsätzliche Fragen klären, zum Beispiel:

- Welche Funktionen und Rollen soll es (nicht mehr) geben? Wollen Sie Spezialistentum fördern oder Generalistentum?
- Wollen Sie die aktuellen Abteilungen bestehen lassen oder ist es sinnvoll, einen längeren Teil der Wertschöpfungskette pro Team zusammenzufassen?
- Wie viel Selbstorganisation wollen Sie in den Teams zulassen?
- Wie sollen Entscheidungen getroffen werden? Wollen Sie bestimmte Vorgehensweisen etablieren, z. B. den »Beratungsprozess« nach Frederic Laloux (vgl. dazu Kap. 11)?

Damit die gefundenen Antworten den in diesem Unternehmen arbeitenden Menschen auch Orientierung geben können, ist es sinnvoll, diese Antworten in irgendeiner Weise aufzuschreiben. Dann kann darüber gesprochen werden. Vor allem darüber, was es im Alltag ganz konkret heißt, diesen Sinn zu verwirklichen und was das alles mit den neuen Strukturvorgaben zu tun hat.

Bei der weiteren Ausgestaltung des von der Unternehmensleitung gegebenen Sinn- und Strukturrahmens

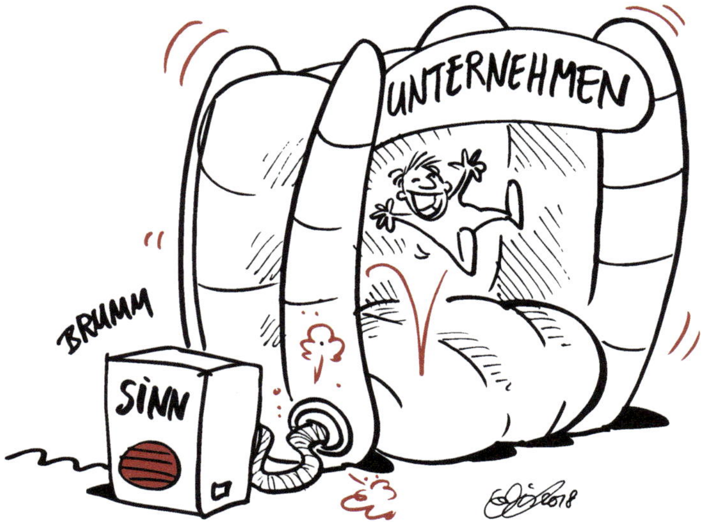

ist es sehr hilfreich, die Menschen im Unternehmen mit ihren Umsetzungsideen einzubeziehen. Denn erst, wenn es gelingt, den großen Sinnrahmen in die kleinsten Verästelungen des täglichen Handelns zu übersetzen, kann diese Praxis dauerhaft die gelebte Kultur prägen.

Ein solcher gemeinsamer Sinnrahmen gibt zum einen den im Unternehmen arbeitenden Menschen Orientierung in ihrem täglichen Handeln und in ihren Entscheidungen vor Ort.

Aber er bestimmt auch, welche Menschen dieses Unternehmen in Zukunft anziehen wird.

Laloux zum Beispiel ist sich sicher, dass Menschen in Zukunft einem Unternehmen beitreten werden wie einem Verein.

Die Menschen stellen sich die Frage:

- Will ich Teil dieser Gemeinschaft sein mit diesen Werten und Prinzipien?

  Der sogenannten Generation Y wird genau diese Haltung nachgesagt (das Y steht für »Why«, das im Englischen gleich dem Y ausgesprochene Wort für »Warum« und bezeichnet die Generation der in der Zeit von 1980 bis 2000 Geborenen).

  Unter dem Motto »Sinn statt Dienstwagen« geht es ihnen genau um diese Frage: Kann ich mich persönlich anbinden an die hier gemachten Sinnangebote?

10.2 »Sensemaking« in Veränderungsprozessen

Für Organisationen, die sich auf den Weg in Richtung neuer, selbstorganisierter Formen der Zusammenarbeit machen wollen, reicht es jedoch nicht aus, die Frage nach dem Sinn nur allein auf die Werte-Ebene zu beziehen. Alle unsere Entscheidungen, die wir treffen, hängen davon ab, welchen Sinn wir den Dingen, die wir wahrnehmen und erleben zuschreiben. Und wenn wir möchten, dass Menschen in den Situationen, die sie vor Ort erleben, die richtigen Entscheidungen treffen, brauchen sie noch weit mehr Orientierung in Sachen Sinn.

Wie zentral diese tagtäglichen Sinngebungsprozesse für ein erfolgreiches, aufeinander abgestimmtes Handeln im Unternehmen sind, hat der Organisationsforscher Karl E. Weick bereits in den 1970er-Jahren mit seinem Konzept des »Sensemaking« beschrieben.

Worum es dabei geht, beschreibt Torsten Groth (2004) sehr anschaulich in einem Artikel über das Werk und Wirken Karl E. Weicks:

»Eindrucksvolles Beispiel für das Sensemaking, besser gesagt für das Kollabieren von Sensemaking, ist Weicks Sicht auf das ›Mann-Gulch Desaster‹ (vgl. Weick 1993) – ein Unglück, bei dem viele Waldbrandbekämpfer unter tragischen Umständen ums Leben gekommen sind. Als sich ein Feuer überraschend stark und schnell ausbreitete, versuchte ein erfahrener Vorgesetzter, seine Männer dazu zu bringen, sämtliche Ausrüstungsgegenstände fallen zu lassen, und durch ein von ihm bewusst entzündetes Gegenfeuer in sicheres Terrain zu laufen. Die Männer erkannten jedoch den Sinn der Anweisungen nicht; sie vermuteten eher noch, der Vorgesetzte sei in Panik geraten, denn beide Anweisungen widersprachen ihrem Bild eines Waldbrandbekämpfers: Er löscht Feuer (und entzündet keines), er trägt seine Ausrüstung (und wirft sie nicht weg), und wenn es brenzlig wird, bringt er sich in Sicherheit (und läuft nicht ins Feuer).

Statt den ihres Erachtens nach sinnlosen Anweisungen Folge zu leisten, folgten die Männer ihren eigenen Ideen – und liefen in ihr Verderben. Auffallendes Merkmal aller gefundenen Männer war, dass sie ihre komplette Ausrüstung bei sich trugen. Sie verbrannten mitsamt ihrer Schaufeln und Motorsägen in den Händen und voll bepackt mit weiteren Ausrüstungsgegenständen in ihren Rucksäcken. Spätere Untersuchungen konnten nachweisen, dass fast alle die Chance zum Entkommen hatten – wenn sie ihre schwere Ausrüstung fallen gelassen hätten.

Für Weick ist dieses Verhalten ein klares Indiz, dass das kollektive Sensemaking nicht mehr funktioniert hat. Im Vorfeld des Unglücks hat die Organisation großen Wert darauf gelegt, all ihren Mitgliedern ein Wissen zu vermitteln, wie ein Feuerwehrmann zu sein habe, und damit zugleich die Fähigkeit zum Improvisieren geschwächt: ›What most organisations miss – and what explains why most fail to learn – ist that ignorance and knowledge grow together.‹ (Weick 1996, 5).

Deshalb kann das Mann-Gulch-Unglück auch als Allegorie für radikale Veränderungsprozesse gesehen werden.

Wenn es nötig ist, schnell zu handeln und vieles Bewährte aufzugeben, muss es einem Unternehmen gelingen, allen Mitarbeitern alternative Sensemaking-Angebote zu vermitteln. Ansonsten werden die Mitarbeiter, gerade weil die gewohnten Abläufe für Sicherheit bürgen und Identität stiften, am Bestehenden festhalten.« (Groth 2004, 92 – Hervorhebung von den Autoren)

Die Notwendigkeit der »tagtäglichen Feinsteuerung von komplexen Sinngebungsprozessen« (Groth 2004, 95) gilt für alle Veränderungsprozesse in Unternehmen – und somit auch für den Umbau Ihres Unternehmens in Richtung einer neuen Führungspraxis. Dieser besteht aus vielen kleinen Dingen, die anders gemacht werden sollen – und jede kleine Änderung braucht eine Sinnbasis. Sonst bleibt alles so, wie es ist.

FÜHRUNG? BRAUCHEN WIR NICHT !!!
GLAUB' ICH NICHT!
FÜHRUNG

Teil 3

Wofür mutige Führung sorgt

Rund um das Thema »zukunftsfähige Formen von Zusammenarbeit in Organisationen« wird eine Frage besonders heiß diskutiert:

Brauchen wir überhaupt noch Führungskräfte?

Oder stören diese nicht eher die Bemühungen um Selbstorganisation und Flexibilität?

Wenn man sich die Diskussion genauer anschaut, geht es aber selbst in den sehr provokativ klingenden Konzepten (z. B. das der »befreiten Unternehmen«) nicht um eine komplette Abschaffung von Führung. Diese Forderung würde auch jahrzehntelange Forschungen zu Organisations- und Gruppendynamik ignorieren.

Aber, was sich durchaus abzeichnet, ist folgende Entwicklung:

- Je weiter Unternehmen auf dem Weg in Richtung Selbstorganisation voranschreiten, desto weniger Führungskräfte werden sie benötigen.
  - Vor Ort in den Teams werden weniger Führungskräfte gebraucht. Oft wird es ausreichen, wenn eine Person für mehrere Teams zuständig ist.
  - Im mittleren Management werden viele Aufgaben wegfallen, weil sie in den Teams geleistet werden.
  - Auch die Zahl der Stabsstellen und zuarbeitenden Bereiche (wie z. B. Planung und Controlling) wird sich reduzieren. Denn die Trennung von »Vordenken« und »Ausführen« macht in dem hier vorgestellten Konzept keinen Sinn mehr. Flexibilität und Schnelligkeit in einer sich immer schneller verändernden Welt können nur erreicht werden, wenn das Denken demokratisiert wird. Das heißt, wenn überall dort gedacht, geplant und entschieden werden darf, wo es notwendig ist.
- Das Verständnis von Führung und die Form der Führung werden sich radikal ändern.

Die klassisch hierarchische Idee, dass es jeweils eine Person gibt, die vorgibt, was zu tun ist und kontrolliert, ob es auch tatsächlich getan wurde, hat in dem hier beschriebenen Konzept ausgedient. Dennoch ist Führung weiterhin wichtig: als Rahmengeberin, Moderatorin und Unterstützerin. Wofür genau Führung unbedingt gebraucht wird und was konkret die neuen Aufgaben von Führung sind, darum geht es in den folgenden Kapiteln.

DANKE, CHEF!

11 Entlasten

Wovon müssen Mitarbeiter und Mitarbeiterinnen in Unternehmen entlastet werden?

- von Macht- und Strukturfragen
  - Ungeklärte Strukturen und damit einhergehendes Macht- und Entscheidungsgerangel belasten die Beziehungsebene massiv. Denn diese Fragen sind auf Team-Ebene nur äußerst schwer bis gar nicht zu klären, da niemand die offizielle Macht hat, es zu tun – und diese Macht nur sehr selten Einzelnen im Team von ihren Kollegen und Kolleginnen verliehen wird. Das führt zu unlösbaren Konflikten und entsprechend zu Verletzungen auf der persönlichen Ebene.
    Aber an guten Beziehungen der Teammitglieder untereinander hängt zu großen Teilen der Erfolg ihrer Zusammenarbeit. Daher muss dafür gesorgt werden, dass die Beziehungsebene nicht unnötig belastet wird.
  - Ungeklärte Rollen und Strukturen verhindern zudem, dass Mitarbeiter sich auf den Inhalt ihrer Arbeit konzentrieren können, also auf die Arbeit mit und für ihre Kunden. Stattdessen sind sie dazu gezwungen, sich damit zu beschäftigen, wer was machen und entscheiden darf, welche Vorgehensweise als »die Richtige« akzeptiert wird, wie mit Abweichungen umgegangen wird – und ähnlichen Dingen, die sie von der eigentlichen Arbeit abhalten.

Führung hat daher genau dafür zu sorgen: dass die Menschen in Ruhe die Arbeit machen können, für die sie ursprünglich da sind.

Was Entlasten als Führungsaufgabe konkret in der Umsetzung bedeutet, das beschreiben wir im Folgenden.

Zunächst ist es ganz wichtig, dass Führungskräfte ihre Rolle als »Gestalter von Zusammenarbeit« annehmen und es als ihre Aufgabe betrachten, dafür zu sorgen,

- dass es eine **klare Binnenstruktur** in ihren Teams gibt,

- dass es **geschützte Räume** gibt, in denen auftretende (Interessens-) Konflikte moderiert und notwendige Auseinandersetzungen konstruktiv ausgetragen werden können.

11.1 Eine klare Binnenstruktur festlegen

Dieter Rösner fasst in seinem Buch »Selbstorganisation braucht Führung« die Punkte zusammen, um deren Abstimmung und Festlegung es in jedem Team geht (Gloger/Rösner 2014, 56):

a) klare Verteilung von Rollen und Verantwortlichkeiten,

b) ein klares Prozedere, wer wie wann Entscheidungen trifft,

c) transparente Kommunikation,

d) klare Gruppenziele (und ein vereinbarter Prozess, wie sie gefunden werden),

e) vereinbarte Regeln der fachlichen Zusammenarbeit und des sozialen Umgangs,

f) auf d) und e) basierende Feedback-Prozesse:
   - zwischen den Teammitgliedern,
   - zwischen Teammitgliedern und Führung,
   - zwischen Team und seinem Umfeld (innerhalb und außerhalb des Unternehmens).

Punkt a) wurde in Kapitel 6 bereits erläutert, die Punkte d) bis f) in den Kapiteln 8 und 10.

Zu den Punkten b) und c) hier noch ein paar Erläuterungen:

zu b) Ein klares Prozedere, wer wie wann Entscheidungen trifft

Durch die klare Verteilung von Rollen und Verantwortlichkeiten, ist in vielen Punkten bereits klar, wer zu welchem Thema und in welchem Arbeitsfeld Entscheidungen trifft. Und wie in den letzten Kapiteln ausführlich dargelegt wurde, sollte das grundsätzliche Ziel kluger Unternehmen ja sein, dass durch klare Rahmen, offengelegte Kriterien und eine hohe Transparenz in Bezug auf Daten und Hintergrundinformationen die Teammitglieder in ihrem Arbeitsfeld jeweils (mindestens) genauso gute Entscheidungen treffen können wie ihre Führungskraft – da sie die gleiche Basis für die notwendigen Abwägungsprozesse haben, bzw. in aller Regel

sogar eine bessere, da sie sich tagtäglich genau mit diesem Bereich beschäftigen.

Aber auch weiter reichende Entscheidungen, z.B. über größere Investitionen oder strategische Schritte, können ins Team gegeben werden. Frederic Laloux beschreibt in seinem Buch »Reinventing Organisations – visuell« ein Vorgehen, das er »Beratungsprozess« nennt und das er in verschiedenen Unternehmen erleben konnte, die sich konsequent auf den Weg in Richtung Selbstführung und Selbstorganisation gemacht haben.

DER BERATUNGSPROZESS

Das Prinzip besteht darin, dass prinzipiell jeder Mitarbeiter jede Entscheidung treffen kann. Aber nur unter folgenden Voraussetzungen:
Er muss sich zunächst den Rat seiner Kollegen und Kolleginnen einholen. Und zwar erstens von denen, die sich mit dem Thema auskennen. Und zweitens von denen, die von den Auswirkungen der Entscheidung betroffen sein werden.
Je weitreichender die Entscheidung, desto intensiver muss auch der Beratungsprozess geführt werden. Aber am Ende des Prozesses wägt diese Person alleine ab und fällt die Entscheidung (Laloux 2017, 68).
Niels Pfläging und Silke Hermann beschreiben in ihrem Buch »Komplexithoden« ein ganz ähnliches Vorgehen unter dem Begriff »Konsultativer Einzelentscheid« (Pfläging/Hermann 2015, 70f.)

zu c) transparente Kommunikation

Normalerweise ist die Führungskraft die Sprecherin des Teams. Sie bringt Informationen ins Team und vertritt das Team nach außen.

In Teams mit einem hohen Grad an Selbstorganisation ist es sinnvoll, die Sprecherrollen klar zu verteilen: Wer spricht für welchen Themenkomplex nach außen für das Team? Und wie werden Infos von außen ins Team transportiert?

Es gibt hier nicht die eine richtige Form von Kommunikation. Es ist lediglich notwendig, sich über die Formen und Zuständigkeiten zu verständigen und sie gemeinsam zu vereinbaren.

Führung hat dafür zu sorgen, dass alle diese Aspekte der Binnenstruktur geklärt werden. An manchen Punkten macht es vielleicht Sinn, Vorgaben zu machen, an anderen wird das Vorgehen im Team abgestimmt. Aber wenn Entscheidungen über Strukturen ins Team gegeben werden, dann sollte geschaut werden, ob das Team eine Moderation benötigt, um auf einfache Weise – und eben ohne Belastungen der Beziehungen – zu guten, gemeinsam getragenen Entscheidungen zu kommen.

Kluge Führung hat all diese Punkte im Blick und schaut sehr genau darauf, was sie dem Team zumuten kann, alleine zu lösen und wo sie Unterstützung gibt. Für dieses Abwägen gibt es kein Patentrezept.

Das Wichtigste ist hier, dass die Führungskraft ihre Aufgabe, das Team von Struktur- und Machtfragen zu entlasten, sehr ernst nimmt – ohne dem Team Entscheidungen abzunehmen, die es auch gut und gerne selbst treffen kann.

11.2 Geschützte Räume für das Lösen von Konflikten schaffen

In der täglichen Zusammenarbeit im Team kommt es immer wieder vor, dass Teammitglieder ganz unterschiedliche Sichtweisen auf die Dinge entwickeln und diese nicht durch ein einfaches Gespräch zusammengebracht werden können.

Zunächst einmal ist es ein sehr gutes Zeichen, wenn solche unterschiedlichen Sichtweisen überhaupt an die Oberfläche kommen. Im folgenden Kapitel wird dargestellt, dass es in Teams auch oft gute Gründe dafür gibt, solche Unstimmigkeiten gar nicht erst hoch kommen zu lassen. Aber diese »unter dem Tisch« schwelenden Konflikte können auf Dauer sehr schädliche Auswirkungen auf eine offene, vertrauensvolle Zusammenarbeit haben.

Führungskräfte sollten daher – in ihrem Reden und in ihrem Tun – immer deutlich machen, dass Konflikte und unterschiedliche Sichtweisen völlig normal sind und dass es sehr gut ist, sie auf den Tisch zu bringen.

Und dass sie niemanden, der sich traut, ein Konflikt-Thema offen zu machen, damit alleine lassen.

Für eine gute Bearbeitung von konfliktbehafteten Punkten ist zweierlei notwendig:

1. eine neutrale Moderation, die dafür sorgt, dass alle Sichtweisen ohne Bewertungen vorgetragen werden können und die den Prozess der Analyse und Lösungsfindung strukturiert. Das kann die Führungskraft selbst übernehmen – solange sie sich nicht schon eindeutig auf eine Seite gestellt hat – oder eine moderationserfahrene Person von außen.

2. klare Regeln des kommunikativen Umgangs miteinander, die auf der Idee des Dialogs basieren. In Kapitel 4 haben wir bereits die 4 Qualitätsstufen der Kommunikation dargestellt und welche Kompetenzen dafür hilfreich sind. Da es durchaus herausfordernd ist, die Stufe des Dialogs zu erreichen, ist es umso wichtiger, dass Führungskräfte sich hier als »lernende Vorbilder« verstehen. Also

als Menschen, die bereit sind, auch und vor allem ihr eigenes Kommunikationsverhalten immer wieder in Bezug auf die Kriterien des Dialogs zu reflektieren.

Damit die Beziehungsebene nicht zur Belastung wird, brauchen Teams eine klare Binnenstruktur und geschützte Räume für das Bearbeiten von Konflikten. Dafür zu sorgen, ist Aufgabe von Führung.

12 Anregen

Wie im letzten Kapitel schon erwähnt, werden Teams im Zweifel immer ihre Beziehungsebene schützen. Das ist auch gut so, denn gute Beziehungen sind sehr wichtig für das Funktionieren eines Teams.

Das hat aber auch zur Folge, dass Teams, wenn man sie sich selbst überlässt, auf längere Sicht eine Tendenz zur Erstarrung haben.

Das heißt konkret, dass Teams sich nicht in jedem Fall von alleine den äußeren Anforderungen entsprechend weiterentwickeln und dass es darüber hinaus sehr verführerisch ist, es sich einfach miteinander zu kuschelig zu machen. Um eine solche Erstarrung zu verhindern, muss Führung für entsprechende Anregung sorgen.

Und zwar Anregung im Umgang mit Prozessen des NEU LERNENS, im UMGANG MIT UNTERSCHIEDLICHKEITEN und mit MACHT.

12.1 Neu-Lernen

Was das Thema Lernen angeht, haben Menschen, Teams und Organisationen eines gemeinsam:

Sie konzentrieren sich gern auf das, was sie können und auf das, was funktioniert.

Dabei gibt es viele Menschen, die es schätzen etwas DAZU zu lernen, um ihr Können immer weiter zu verbessern.

Aber was wir Menschen nicht gerne tun, ist UM-Lernen, was nämlich beinhaltet, dass wir Dinge, die wir gut können und in denen wir uns sicher fühlen, VER-Lernen müssen und wir uns stattdessen auf unsicheres Neuland begeben müssen.

Beim echten NEU-Lernen müssen wir das schöne Gefühl loslassen, uns sicher, weil kompetent zu fühlen.

Unbekanntes Neuland zu betreten, das fühlt sich gefährlich an:

- Das Neue selbst könnte gefährlich sein. Da nicht vorhersehbar ist, wie es sein wird, schaltet unser System zunächst vorsorglich auf Alarm, um auf alles vorbereitet sein.

- Der Prozess des Umlernens birgt ebenfalls Gefahrenpotenzial. Ich werde mich zwischenzeitlich nicht auskennen, nicht wissen, was richtig und falsch ist, nicht wissen, was mein Handeln nach sich zieht. Die anderen werden meine Unsicherheit wahrnehmen und im schlimmsten Fall könnte das den Verlust meiner Position in der Gruppe nach sich ziehen.

- Meine Identität ist gefährdet: Wer bin ich noch, wenn ich nicht mehr das tue, was ich immer getan habe und nicht mehr das kann, womit ich mich sicher und wohl gefühlt habe?

Aus diesen Gründen spricht der Organisationsforscher Edgar Schein auch davon, dass Menschen eine grundsätzliche Lern-Angst haben, die es zu überwinden gilt, wenn es darum geht, etwas GANZ ANDERS zu machen als vorher, oder darum, GANZ ANDERE DINGE zu tun als vorher (vgl. Schein 2003; der gesamte Abschnitt über NEU-LERNEN basiert auf seinem Aufsatz aus der Zeitschrift für Organisationsentwicklung, 3/2003, 4–13.).

Aber genau das ist manchmal notwendig im Unternehmenskontext. Ein aktuelles Beispiel ist die Digitalisierung, die an vielen Stellen radikales Neulernen verlangt.

Umlernen in selbstorganisierten Teams

Es gibt Punkte, an denen die Fähigkeit von Teams zur selbstorganisierten und selbstbestimmten Weiterentwicklung an ihre Grenzen kommen kann.

Und zwar dann, wenn die (halb- und unbewusste) Angst davor, die gewohnte und gewollte Sicherheit aufzugeben, einfach zu groß ist.

An diesen Punkten kann es notwendig sein, einen Lernprozess von außen anzuregen. Zum Beispiel durch entsprechende Konfrontationen mit der »Realität da draußen«. Manchmal geht es auch nicht anders als Lernschritte anzuordnen. Etwa wenn die Gefahr besteht, dass ein »Weiter so« die Existenz der Organisation gefährden könnte.

Edgar Schein hat auf der Grundlage umfangreicher Praxisforschungen zu diesem Thema die These aufgestellt, dass echtes Neu-Lernen nur dann initiiert werden kann, wenn die »Existenz-Angst« größer ist als die Lern-Angst. Wobei er mit »Existenz-Angst« meint, dass unsere Träume, Hoffnungen und Erwartungen in Gefahr sind, also das, was uns für eine lebenswerte Existenz sehr wichtig ist.

Da Angst auf lange Sicht jedoch kein guter Begleiter für tiefgreifende Lernprozesse ist, hält Edgar Schein es für die zentrale Aufgabe von Führungskräften, **Lernangst zu reduzieren.**

Zum Beispiel durch:

- die Beteiligung der Lernenden am Prozess des Lernens
  Lassen Sie die Kolleginnen und Kollegen selbst bestimmen, WIE sie lernen wollen und sorgen Sie dafür, dass diese Bedingungen geschaffen werden.

- ein Klima der Unterstützung und Ermutigung
  Sorgen Sie dafür, dass das Selbstwertgefühl der Lernenden nicht beschädigt wird, z. B. durch Ungeduld oder Herabwürdigung der ersten Lernanstrengungen. Sorgen Sie stattdessen für freundliche, unterstützende Ermunterung.

- Sichere Lernumgebungen, Übungsfelder
  Wenn es um echtes Neu-Lernen geht, ist die Variante des »On-the-job-Lernens« in aller Regel eine Überforderung und im Zweifel sogar gefährlich. Denn sie verhindert, sich ausreichend Zeit zu nehmen, das Neue zu durchdringen, Fehler zu machen und diese zu analysieren. Sorgen Sie daher für geschützte Räume, in denen ausprobiert, experimentiert und geübt werden kann. Und in denen zum Fehlermachen ermutigt wird, denn sie sind der Schlüssel für ein tief greifendes Verstehen des Neuen.

- Gruppensettings für das Lernen
  Laut Edgar Schein gibt es eine wachsende Zahl von Untersuchungen, die bestätigen, dass bestimmte Formen des Lernens nur in Gruppen möglich sind, weil man die Praxiserfahrungen und die Unterstützung der Peer-Gruppenmitglieder braucht, um sich besondere Konzepte, Fähigkeiten und Wissen anzueignen. Stellen Sie daher kleine Gruppen zusammen, mit dem erklärten Ziel, sich gegenseitig beim Neu-Lernen zu unterstützen.

12.2 Der Umgang mit Unterschiedlichkeiten

Neben der Tendenz, Neu-Lernen zu vermeiden, gibt es noch eine zweite starke Tendenz in Teams, die gezielte Anregungen von außen notwendig machen.

Die Potenziale von Teams für eine erhöhte Flexibilität, Schnelligkeit und Arbeitsfreude liegen in der Verquickung von formalisierten Rollenbeziehungen mit persönlichen Beziehungen. Die Dinge werden auf direktem Wege geregelt, man kennt sich und weiß, wie der andere tickt und stellt sich darauf ein. Darin liegen die Chancen der Teamarbeit, aber auch ihre Risiken:

Ein großes Risiko für Teams: **Es sich zu kuschelig zu machen.**

Konkret geht es hier in aller Regel um zwei Aspekte:

- Auseinandersetzungen werden vermieden, um die Beziehungsebene zu schonen,
- Gleichheit wird über Differenz gestellt, um kein Macht-Ungleichgewicht entstehen zu lassen.

Beide Tendenzen sind gefährlich für gut funktionierende Teams, denn

- im Zusammenbringen der unterschiedlichen Sichtweisen und Meinungen liegt ein entscheidender Mehrwert von Teamarbeit.
  Wenn sich alle immer einig sind, ist die Gefahr groß, dass ein sogenannter Groupthink entsteht, der sich im Zweifelsfall immer weiter von der Realität abkoppelt – und der in jedem Fall kontinuierliche Weiterentwicklung verhindert.
- die Funktionalität von Teams liegt gerade im Fruchtbarmachen der unterschiedlichen Fähigkeiten und Kompetenzen der Teammitglieder. Ein **Team, in dem jeder das gleiche kann und tut, ist extrem unproduktiv.**

Auseinandersetzungen werden vermieden, um die Beziehungsebene zu schonen

In Kapitel 4 wurde bereits darauf eingegangen, dass es klug ist, wenn Unternehmen eine »Kultur der konstruktiven Auseinandersetzungen« pflegen und fördern.

ZUR BEDEUTUNG KONSTRUKTIVER AUSEINANDERSETZUNGEN IN UNTERNEHMEN

Es gibt namhafte Forscher und Organisationsberater, die diese Fähigkeit, konstruktive Auseinandersetzungen zu führen, für die derzeit wichtigste Fähigkeit in Unternehmen halten. So schreibt etwa Jim Collins in »Der Weg zu den Besten«: »Bei allen Take-off-Unternehmen fanden wir die Tendenz zu einer ausgeprägten Streitkultur« (Collins 2005, 105). Und Fritz Simon kommt in seinen systemtheoretischen Ableitungen in seinem Buch »Gemeinsam sind wir blöd!? Die Intelligenz von Unternehmen, Managern und Märkten« ebenfalls zu dem Schluss, dass die Fähigkeit von Führungskräften »penetrant nach(zu)fragen und dafür (zu) sorgen, dass alle verfügbaren Informationen in die Auseinandersetzungen eingeführt und die Potenziale der Mitarbeiter genutzt werden« zentral ist für das Treffen intelligenter Entscheidungen in Unternehmen. Und er schreibt dazu weiter: »Das ist unwahrscheinlich, wenn man Organisationen sich selbst überlässt. Man will es sich gegenseitig nicht miteinander verderben, man weiß als Mitarbeiter nicht, ob die Führungskräfte Widerspruch aushalten usw.« (Simon 2009, 38)

Damit Teams auf Dauer solche konstruktiven Auseinandersetzungen führen, ist es notwendig und hilfreich, wenn Führungskräfte dem Team helfen, dabei die Beziehungsebene möglichst zu schonen.

- Zum Beispiel, indem sie einen Umgang miteinander pflegen, bei dem es als selbstverständlich gilt, dass niemand alleine die ganze Weisheit besitzt oder alles im Blick haben kann (auch Führungskräfte nicht!), sondern dass es deshalb notwendig ist, jeweils um beste Lösungen zu ringen. Das heißt, Auseinandersetzungen um die Sache sind normal – und werden nicht als Kritik an der Person gesehen.

  Führung sollte immer im Blick haben, wann es notwendig ist, solche Diskussionen anzuregen und gegebenenfalls auch zu moderieren, um es den Beteiligten einfacher zu machen, kritische Punkte anzusprechen.

- Das Gleiche gilt für die Abstimmung von Erfolgskriterien: Was gilt bei uns als gut oder sehr gut? Wonach wollen wir unsere Ergebnisse beurteilen?

  Auch hier ist es hilfreich, wenn diese Diskussion immer wieder angeregt wird, damit sie auf einer sachlichen Ebene stattfinden kann. Denn Aussagen wie »Ich finde, du hast das nicht ordentlich genug gemacht.« können die Beziehungen untereinander schnell gefährden. Deshalb wird dieses Thema in Teams gerne unter den Tisch gekehrt. Führung sollte es daher immer mal wieder auf den Tisch holen. Und zwar personenneutral.

12.3 Der Umgang mit Macht

In Teams wird häufig Gleichheit über Differenz gestellt, um kein Machtungleichgewicht entstehen zu lassen. Denn die Teamidee war ursprünglich ein werteorientierter Gegenentwurf zur hierarchischen Organisation. Die Ideologie von »wir sind alle gleich« ist tief in ihr verwurzelt – und sie wirkt.

In vielen Teams wird daher sehr genau darauf geachtet, dass niemand »den Kopf herausstreckt«, indem er sich in irgendeiner Weise hervortut, z. B. über besondere Leistungen oder die Übernahme von Führungsaufgaben.

Führung kann dem entgegenwirken, indem sie produktive Unterschiede fördert und gleichzeitig ausbalanciert.

Fördern und anregen

In klugen Unternehmen gilt folgendes Prinzip:

- Wir wollen, dass alle Menschen in ihre ganze Kraft kommen und ihre Potenziale entfalten.
  Es gibt keinen Grund bei uns, sich kleiner zu machen, als man ist oder als man sein könnte.

Konkret heißt das, Führung ist dazu da, Menschen zur Weiterentwicklung zu ermuntern und ihnen die entsprechenden Möglichkeiten zur Verfügung zu stellen.

Weiterentwicklung kann z. B. bedeuten:

- Erweiterung der fachlichen Expertise,
- Ausweitung meines Rollenrepertoires,
- Wechsel von Tätigkeitsfeldern, und zwar nicht nur im Sinne von »Beförderungen«, sondern auch, um immer besser herauszufinden, wo der Ort im Unternehmen ist, an dem sich genau diese Person am besten entfalten und einbringen kann.

Basierend auf den Ideen der Positiven Psychologie sollte es hier immer darum gehen, die Stärken der Einzelnen zu stärken und nicht darum »Schwächen auszumerzen«. Letzteres ist nur verschwendete Energie.

Ausbalancieren
Menschen haben ganz unterschiedliche Fähigkeiten und eben auch unterschiedlich besondere Fähigkeiten und somit für das Team unterschiedlich wertvolle Fähigkeiten.

Anders gesagt: **Manche Menschen sind nun einmal eher austauschbar im Team als andere.**

Damit ergibt sich zwangsläufig ein Machtungleichgewicht in Teams.

Dieses Machtungleichgewicht ist nun einmal da, die Frage ist nur, wie man damit umgeht.

Kluge Unternehmen sorgen dafür, dass gerade von den in diesem Sinne Mächtigen eine Haltung der Demut und Bescheidenheit gepflegt und erwartet wird. Denn niemand hat sich seine Gene und seine Familie ausgesucht, die maßgeblich für die Entwicklung der eigenen Fähigkeiten sind. Viel förderlicher ist eine Haltung der Dankbarkeit für die eigenen besonderen Fähigkeiten und die Freude, sie zum Wohle der Gesamtheit einsetzen zu können.

Denn ohne die Anderen mit ihren unterstützenden Fähigkeiten könnten auch die sogenannten »High-Performer« nicht ihre Wirkung entfalten.

Paradoxerweise wird die Macht dieser Menschen mit dieser Haltung sogar noch gesteigert. Denn wenn die anderen im Team sich sicher sein können, dass diese ihre Fähigkeiten im Sinne des gesamten Teams einsetzen, ohne sich über das Team zu stellen, wird ihnen dafür in aller Regel ein hoher Respekt entgegengebracht – und alle können gemeinsam stolz auf ihre Leistungen sein.

Dahinter steht eine wichtige und grundlegende Werthaltung kluger Unternehmen:

Die gleiche Wertschätzung aller Mitarbeitenden als Menschen. In ihrem Menschsein sind alle auf Augenhöhe – egal, welche Fähigkeiten ihnen mitgegeben wurden.

Führungskräfte können in Sachen Machtbalance sehr einfach Vorbild sein. Denn sie gehören ja per se zu den Mächtigen im Unternehmen. Das heißt, sie müssen hier gar nicht unbedingt Einfluss auf das Verhalten anderer nehmen – es reicht, wenn sie ihr eigenes Verhalten reflektieren und entsprechend vorleben. Das hat schon eine enorme Wirkung auf die Gesamtkultur. Vorausgesetzt: Die Führung als Gesamtes ist sich in dieser Haltung einig. Und gibt sich idealerweise auch offen Feedback, wenn jemand mal in ein Von-Oben-Herab-Verhalten rutschen sollte.

Damit die Macht im Team gut ausbalanciert wird, sollte ein weiterer, ganz praktischer Punkt beachtet werden:

- Beim Treffen von Entscheidungen, die das gesamte Team betreffen und die nicht fachlich sind, sollten alle die gleiche Mitsprache haben.

  Zum Beispiel, wenn Anfangs- oder Pausenzeiten neu festgelegt werden müssen oder es darum geht, wohin der nächste Teamausflug geht.

  Hier gilt es, ein Gegengewicht zur Macht der ohnehin schon Mächtigen im Team zu schaffen. Alle Entscheidungen, von denen alle betroffen sind, treffen auch alle zusammen. In diesen Fällen sollte die Führungskraft im Zweifel durch eine entsprechende Moderation solcher Entscheidungsprozesse für die gleichen Einflussmöglichkeiten aller Teammitglieder sorgen.

Das Fazit zum Thema »Anregen« heißt:
Führung sollte immer ein Auge darauf haben, ob es notwendig ist, UM-Lernprozesse anzuregen und konstruktive Auseinandersetzungen in der Sache anzustoßen. Und sie sollte die Unterschiedlichkeit der Teammitglieder unterstützen, ohne dass Einzelne zu Stars werden.

13 Verbinden

Unternehmen kann man beschreiben als einen Zusammenschluss von Menschen, die sich die Arbeit untereinander aufteilen.

Diese Aufteilung der Arbeit spiegelt sich in der Organisation wider: In so gut wie allen Unternehmen gibt es Ab-Teilungen, in denen jeweils Menschen mit ähnlichen Aufgaben und ähnlicher Expertise zusammensitzen.

Diese Unterteilung hat aber noch einen weiteren, ganz entscheidenden Nutzen:

Durch diese »Abschottung« der einzelnen Bereiche voneinander wird möglich, was – so der Organisationsforscher Fritz Simon – nur Organisationen (und nicht einzelnen Menschen) können:

- Unternehmen vereinen sich widerstreitende Interessen unter einem Dach.

Das heißt: Organisationen sind dazu in der Lage, widersprüchlichen Handlungsaufforderungen gleichzeitig nachzukommen.

Unternehmen müssen sich nicht entscheiden, ob sie links oder rechts abbiegen, sie können innerhalb ihrer Organisation beides gleichzeitig tun – indem sie diese widersprüchlichen Aufgaben voneinander ab-teilen.

»Auf diese Art und Weise entstehen Inseln ambivalenzfreien Handelns. Es sind soziale Systeme, in denen eindeutiges, klares, zielgerichtetes und widerspruchsfreies Handeln möglich ist – trotz aller paradoxer Handlungsaufforderungen, Ambiguitäten, Vieldeutigkeiten und Ambivalenzen, denen das übergeordnete System ausgesetzt ist.« (Simon 2011, 120)

Mit anderen Worten:

Die Logiken und Kulturen der einzelnen Abteilungen in einem Unternehmen passen zum Teil nicht zusammen. Das ist gewollt, unvermeidbar – und ein Problem. Fritz Simon drückt es in seiner Sprache so aus: »Der Witz der Organisation ist also, dass logisch unentscheidbare Dauerkonflikte geschaffen werden.« (Simon 2011, 121)

13.1 Den Blick auf das Ganze richten

Erinnern Sie sich an Kapitel 4: »Unentscheidbar« sind alle »echte Entscheidungen«, bei denen es wirklich etwas zu entscheiden gibt, da es kein absolutes und objektives »Richtig« gibt. So ist es auch hier: Das Fazit aus dem Umstand der oben beschriebenen »natürlichen Konfliktlage« ist, dass Organisationen die Aufgabe haben, kreative Wege zu entwickeln, um mit dieser paradoxen Situation umzugehen.

Für die Aufgabe von Unternehmensführung heißt das Folgendes:

Die Führung muss aushalten, dass es diese verschiedenen Logiken gibt und dass sie nicht aufgelöst werden können – und dürfen. Und gleichzeitig müssen die einzelnen Teile des Unternehmens so miteinander verbunden werden, dass kein Gegeneinander entsteht. Denn wenn Führung hier nichts anbietet, entsteht quasi automatisch ein Gegeneinander. Denn jeder halbwegs identifizierte Mitarbeiter verteidigt natürlich im Zweifelsfall immer die Ziele, Gepflogenheiten und die Machtposition seiner eigenen »Insel«. Da gleichzeitig aber alle Inseln voneinander abhängig sind, entsteht häufig genau das, was Fritz Simon »Mehrhirnblödheit« nennt: Die Vielen zusammen sind dümmer als die Summe der Einzelnen (Simon 2009, 36).

Wie kann aber nun stattdessen Klugheit entstehen? Was können kreative und förderliche Formen der Verbindung untereinander sein, die die notwendigen Widersprüchlichkeiten nicht nivellieren?

Unsere Empfehlung:

Schaffen Sie Orte, an denen gemeinsam auf das Ganze geschaut wird.

13.2 Das abteilungsübergreifende Führungsteam

Wenn wir an Führung denken, denken wir in aller Regel als erstes an Personalführung, also die Führung von Teams und Personen.

Wenn man das Unternehmen als Ganzes betrachtet, gibt es aber noch einen weiteren wesentlichen Aspekt von Führung:

Die Gestaltung der Gesamtorganisation. Wir nennen das Führung II.

Führung II beschäftigt sich mit der Beantwortung der Frage:

- In was für einer Organisation wollen wir arbeiten?

In den meisten Fällen ist es so, dass entweder:

- diese Frage gar nicht gestellt wird, sondern sich einfach über die Zeit Eins aus dem Anderen ergibt und ein Gesamtes entsteht, das eben so ist wie es ist,
  oder
- dass die Geschäftsführung diese Fragen unter sich bearbeitet und dann zur Umsetzung ihrer Ideen ein entsprechendes »Change-Projekt« ausruft und »ausrollt«.

Deutlich klüger ist es aus unserer Sicht, diese Frage zu nutzen, um eine Verbindung zwischen den einzelnen Bereichen aufzubauen, die aus einer gemeinsamen Verantwortung für das Ganze besteht – ohne die Notwendigkeit, zwangsläufige Ambivalenzen im täglichen Geschäft nivellieren zu müssen.

Ganz praktisch heißt das:

Bringen Sie als Unternehmensleitung unterschiedliche Menschen mit Führungsverantwortung an einen Tisch.

Es sollten nicht mehr als fünfzehn bis maximal zwanzig Personen sein, damit echte Dialoge möglich sind und ein Gruppengefühl entstehen kann (die Unternehmensleitung miteingeschlossen).

Die Aufgabe dieses Führungsteams ist die Bearbeitung der oben genannten Frage: In was für einer Organisation wollen wir arbeiten?

Mit welchem Thema Sie beginnen, das leitet sich aus der aktuellen Situation Ihres Unternehmens ab.

Wichtig ist nur: In dieser Runde geht es um übergeordnete Themen wie Rahmensetzen, Führung, Kommunikation, Strukturen.

Alle Themen dieses Buches können hier zur Sprache kommen.

Es ist allerdings am Anfang oft nicht so einfach, konsequent bei diesen Themen zu bleiben, denn zum einen ist für Viele das Nachdenken und Kommunizieren über diese Themen ungewohnt, es fühlt sich an wie unsicheres Terrain und das damit verbundene Unsicherheits- und Inkompetenz-Gefühl wollen Menschen in aller Regel gerne vermeiden (vgl. Kapitel 12). Zum anderen werden die Betroffenen schnell merken, dass diese Themen etwas mit ihnen selbst zu tun haben, dass sie selbst Teil der aktuellen Kommunikations- und Führungskultur sind, dass sie diejenigen sind, die Rahmen setzen (oder eben nicht setzen) und die Strukturen schaffen bzw. aufrechterhalten.

Vor diesem Hintergrund haben sich folgende START-BEDINGUNGEN als sehr förderlich herausgestellt:

- Der Fokus dieser Gruppe liegt ganz klar auf der gemeinsamen Verantwortung für die Gesamtorganisation, das heißt, das Vertretersein des eigenen Bereiches steht nicht im Mittelpunkt (wie sonst in den meisten Kontexten, in denen Führungskräfte zusammen agieren), sondern alle sind Mitgestalter der Gesamtorganisation. Diese Rolle wird in aller Regel von den Beteiligten als persönliche Aufwertung empfunden – und diszipliniert damit gleichzeitig die Einzelinteressen.

- Die Gruppe sieht sich als Lerngruppe in Sachen Unternehmensgestaltung an. Das funktioniert nur, wenn sich die Unternehmensleitung ausdrücklich als Mitlernende versteht und hier als gutes Beispiel voran geht, indem sie sich offen selbstkritisch als Miterzeuger und Stabilisator der aktuellen Situation ansieht – und als Teil des Ganzen, der genauso umlernen muss und möchte wie alle anderen auch.

- Für eine solche Lernsituation braucht es eine sichere Atmosphäre. Daher ist es sehr sinnvoll, wenn es eine externe Moderation gibt, die den Prozess strukturiert, auf gute Kommunikation untereinander achtet und die bei Bedarf auch inhaltliche Impulse hineingibt.

WAS FÜHRUNGSTEAMS SO WIRKSAM MACHT

- Durch den gemeinsamen Blick auf »das Ganze« und die gemeinsame Arbeit »am Ganzen« synchronisiert man sich untereinander – statt die eigenen (Bereichs-) Interessen gegeneinander zu vertreten. Das Verständnis für die Logiken des anderen Bereichs wächst, ohne sie in Frage stellen zu müssen. Man kann den anderen »so stehen lassen«, denn mit der Gestaltung der Gesamtorganisation gibt es nun ein gemeinsames Interesse, das über den Widersprüchlichkeiten des Alltagshandelns steht. Dieses neue Gefühl von Verbundenheit wirkt weit über eigentliche Arbeit in den Führungskräfterunden hinaus in die alltägliche Zusammenarbeit hinein.
- In diesen Runden üben Führungsteams eine neue Qualität von konstruktiven Auseinandersetzungen und echten Dialogen ein. Dies ermöglicht ein tiefgreifendes Verstehen und damit ein Verknüpfen von Wissen, Erfahrungen und Perspektiven, welches die Wahrscheinlichkeit für kluge Entscheidungen erhöht.
- Notwendige Veränderungsprozesse haben von Anfang an eine breite Basis: Durch die in der Gruppe stattfindenden Aushandlungs- und Einigungsprozesse entsteht unmittelbar Identifikation mit den gemeinsam erzielten Ergebnissen. Die üblichen, der Leitungsentscheidung nachgelagerten Überzeugungsprozesse, wie sie in klassischen Changeprozessen notwendig sind, fallen weg. Mit den Teilnehmern dieser Runde haben sich wesentliche »Schaltstellen« und »Kommunikationszentralen« der Organisation koordiniert und abgestimmt und werden als Veränderer simultan wirksam.

Führungsteams sind ein Baustein der zentralen Idee dieses Buches, Verantwortung zu verteilen und damit schnelleres Handeln und besseres Entscheiden zu ermöglichen.

13.3 Der Sinn des Unternehmens als Handlungsrahmen

Aber auch für Führungsteams gilt das gleiche wie für das Handeln in den einzelnen Teams: Dieses Team braucht einen Rahmen, an dem es sich orientieren kann.

Führungsteams arbeiten zu großen Teilen daran, selbst Rahmen zu setzen. Aber was ist IHR Rahmen, an dem sie sich orientieren?

Ihr Rahmen ist der Sinn des Unternehmens.

Dieser übergeordnete Sinn der Unternehmung wird – wie wir in Kapitel 10 dargestellt haben – durch die Personen der Unternehmensleitung transportiert.

Das heißt: Sie – die Führungskräfte – sind es, die die einzelnen Teile des Unternehmens verbinden, indem sie sie unter einem gemeinsamen »Sinn-Dach« versammeln.

Um einem möglichen Missverständnis vorzubeugen, sei hier ganz deutlich betont:

Um eine solche positive Integrationsfigur zu sein, müssen Unternehmensleitungen keine sogenannten »charismatischen« Menschen sein. Sie müssen nicht mitreißend reden können, sie müssen keine schillernde Persönlichkeit sein – im Gegenteil!

Jim Collins hat in seiner in Kapitel 10 erwähnten Studie festgestellt, dass keines der von ihm untersuchten, höchst erfolgreichen Unternehmen charismatische Führer hatte. Es waren im Gegenteil durchweg sehr bescheidene Menschen, die sich nicht gerne ins Rampenlicht stellten, sondern die sich daran gefreut haben, wenn sie dazu beitragen konnten, dass ihre Mitarbeiterinnen und Mitarbeiter leuchten konnten.

Was dagegen von entscheidender Bedeutung ist, das ist die Haltung:

Wie ernst nehmen Unternehmensleitungen ihre (neue) Rolle, HÜTER DER KULTUR zu sein.

WAS ES KONKRET HEISST, »HÜTER DER KULTUR« ZU SEIN

- **auf die Einhaltung der vereinbarten Werte und Prinzipien achten**
  Deutlich machen: Ich, als Person, stehe dafür und habe ein waches Auge darauf, wie wir uns hier miteinander verhalten.
- **kulturfeindliches Verhalten – auch und vor allem von Führungskräften – sanktionieren**
  Sanktionieren heißt zunächst: die Person auf ihr Verhalten und dessen Effekte ansprechen. Bei wiederholten Verstößen gegen die Werte und Prinzipien des Unternehmens muss die Leitung die entsprechenden Führungskräfte jedoch konsequent aus ihrer Rolle entlassen. Auf Mitarbeiterebene geht es in erster Linie darum, dafür zu sorgen, dass entsprechende Feedback-Systeme auf Teamebene installiert sind (vgl.

Kapitel 9). Wenn die Gruppe das kulturfeindliche Verhalten Einzelner nicht mehr einfangen kann, dann muss zunächst die direkte Führungskraft reagieren.

- **passendes Verhalten bestärken**
  Hier gilt wieder das Prinzip: Fokus auf das Gute. Sprechen Sie es an und machen Sie es sichtbar, wenn sich Menschen – vor allem in kritischen Situationen – vorbildlich verhalten haben. Schaffen Sie Räume, in denen explizit über die gelungene Umsetzung der Werte und Prinzipien gesprochen wird. Wohlgemerkt: Es geht hier nicht um »Loben« (was wir davon halten, haben wir in Kapitel 9 sehr deutlich gemacht), sondern es geht um die Offenlegung von Bewertungskriterien und das Rahmengeben für selbstorganisiertes Arbeiten (vgl. Kapitel 6).
- **Vorbild sein im Umsetzen der Werte und Prinzipien**
  Das versteht sich eigentlich von selbst. Nur: In manchen Situationen kann es durchaus unterschiedlichen Einschätzungen zu der Frage geben, ob das Verhalten nun »werte- und prinzipienkonform« war. Und: Nobody is perfect. Daher bedeutet die Vorbildfunktion für die Position der Unternehmensleitung vor allem, darauf zu achten, dass die Hierarchiesperre so dünn wie möglich ist. Dann trauen sich die Mitarbeitenden auch , die Unternehmensleitung auf wahrgenommene Verstöße aufmerksam zu machen, weil sie darauf vertrauen können, dass mit diesem Feedback konstruktiv und selbstkritisch umgegangen wird. Das ist keine kleine Herausforderung!

Die Führungsaufgabe »Verbinden« ist eine wesentliche Aufgabe der Unternehmensleitung. Sie ist nicht delegierbar!

14 Persönliche Kompetenzen fördern

Dieses Buch beschreibt, nach welchen Prinzipien die Zusammenarbeit in Unternehmen organisiert werden sollte, um bei den dort arbeitenden Menschen die Lust auf verantwortungsvolles, gemeinschaftliches Handeln zu wecken. Es geht um förderliche Strukturen und Rahmenbedingungen und um die Aufgaben von Führung. Welcher Aspekt zum Schluss noch fehlt, ist die Frage nach den PERSÖNLICHEN KOMPETENZEN, die notwendig sind, um eine solche selbstorganisierte Praxis mit großen Gestaltungsspielräumen ins Leben bringen zu können.

Die Zusammenarbeit in Unternehmen ist immer ein soziales Geschehen.

Bei dem hier vorgestellten Ansatz steigen jedoch die Anforderungen an das Sich-Aufeinander-Beziehen und -Abstimmen im Vergleich zu klassisch hierarchischen Organisationsformen deutlich an. Der gegebene Freiraum muss immer wieder neu gefüllt, die Aufgaben und Ziele immer wieder vom Team neu gefunden und abgestimmt werden.

Das geht nur mit Menschen, die grundsätzlich zu sozialem Verhalten bereit und in der Lage sind.

Für ein selbstorganisiertes Arbeiten sind die folgenden drei Voraussetzungen nötig:

Die grundsätzliche Fähigkeit und Bereitschaft zu höflichem und konstruktivem Verhalten

Dass es Situationen gibt, in denen die Emotionen hochschlagen und es für diesen Moment nicht mehr so freundlich zugeht, ist normal und menschlich. Solche Situationen sollten jedoch die Ausnahme sein. Häufige Ausfälle dürfen nicht einfach hingenommen werden – im Sinne von: »So ist er oder sie halt.« Egal, in welcher (zentralen) Position diese Person arbeitet, ein Freifahrtbrief für unhöfliches oder kindisches Verhalten – wie z. B. Trotz – verunmöglicht auf Dauer ein vertrauensvolles, angstfreies Zusammenarbeiten.

Die Fähigkeit zur Selbstreflexion bzw. zum Lernen aus Feedback

Hiermit ist nicht gemeint, dass Mitarbeiterinnen und Mitarbeiter tief greifende Selbsterkenntnis-Prozesse durchlaufen müssen, um in selbstorganisierten Teams arbeiten zu können. Aber sie sollten dazu bereit sein, sich im Zweifelsfall anzuhören, welche Effekte ihr Verhalten auf das Team hat und Vorschläge und Wünsche an Verhaltensänderungen aufnehmen und bedenken können. Es geht hier um die Fähigkeit, die eigene Sicht auf die Welt nicht als die einzig mögliche anzusehen und sich von Zeit zu Zeit auch einmal von außen bzw. mit den Augen Anderer betrachten zu können. Jegliche Form narzisstischer Selbstbezogenheit stört das Miteinander im Team massiv.

Die Lust und Bereitschaft, sich weiter zu entwickeln

Die Anforderungen an Unternehmen und an einzelne Teams ändern sich in unseren heutigen Zeiten permanent. Manche Menschen versuchen dieser sogenannten VUCA-Welt (vgl. Einleitung) dadurch eine vermeintliche Sicherheit abzutrotzen, indem sie sich auf einen kleinen Kompetenzbereich konzentrieren und dieses Feld auch nicht mehr verlassen. Solche Menschen können die Weiterentwicklung von Teams empfindlich stören. Hier ist es zunächst die Aufgabe von Führung, diesen Menschen neue Erfahrungen zu ermöglichen, indem Bedingungen zur Verfügung gestellt werden, in denen dieser Lernangst respektvoll und unterstützend begegnet wird (siehe Kapitel 12). Wenn Menschen sich jedoch gar nicht von ihrer kleinen Kompetenzinsel locken lassen, dann wird es auf Dauer schwierig, eine ausgeglichene Teamstatik zu gewährleisten.

Alle drei Aspekte lassen sich folgendermaßen auf den Punkt bringen:

Organisationen, die große Gestaltungsspielräume zur Verfügung stellen, brauchen für ihre Ausgestaltung reife, erwachsene Menschen.

ABER ACHTUNG!

Urteilen Sie nicht vorschnell über die Menschen, die aktuell in Ihrem Unternehmen arbeiten!
Das meiste »kindische« Verhalten, dass man in klassisch organisierten Unternehmen beobachten kann, resultiert daraus, dass dort Menschen wie Kinder behandelt werden. Ob Menschen den neuen Weg mitgehen können, erkennen Sie erst, wenn Sie ihn gehen.

15 Mutig lebendige Gemeinschaft ermöglichen

Klar, Sie können nicht im Vorhinein genau sagen, wer wie auf die neuen Angebote reagieren wird.

Daher ist aus unseren Erfahrungen heraus das der Schritt, der den MEISTEN MUT benötigt:

Radikal die Bedingungen zu ändern, unter denen die Menschen, die in diesem Unternehmen arbeiten, damals ihren Vertrag geschlossen haben.

Es geht darum, die Frage noch einmal neu zu stellen:

- Willst du weiterhin bei uns mitmachen – unter den **neuen** Bedingungen?

Es geht darum, einen NEUEN VERTRAG zu schließen. Das muss bzw. sollte nicht formal geschehen, aber durchaus explizit. Und als Erstes betrifft es die Führungskräfte.

15.1 Die neue Rolle der Führungskräfte

Ihre Rolle ändert sich radikal. Sie bekommen die Aufgabe, deutlich in den Hintergrund zu treten. Sie führen nicht mehr an, sondern sie unterstützen und moderieren. Sie sind Dienstleister für ihr Team. Sie sind in vielen Bereichen noch nicht einmal mehr Sprecher ihres Teams – denn diese Rolle kann in aller Regel sehr gut ins Team übertragen werden. Das Team ist in Zukunft der Star, nicht mehr die Führungskraft selbst. In unserer Gesellschaft, in der formeller Status für viele Menschen eine wichtige Quelle ihres Selbstbewusstseins ist, ist das für einige ein sehr harter Einschnitt.

Hinzu kommt, dass die fachliche Kompetenz der Führungskräfte im Prozess der Umsetzung dieses neuen Ansatzes immer weniger wichtig wird – je mehr das Team sich diese Kompetenzen selbst aneignet. Dafür treten die sozialen Kompetenzen der Führungskräfte in den Mittelpunkt, die wir in den vorangegangenen Kapiteln dargestellt haben.

Es werden Menschen in Führungspositionen gebraucht, denen es Freude macht, Menschen zum »Aufblühen« zu verhelfen und ihnen die dafür passenden Bedingungen zu schaffen – und die das als ihre Hauptaufgabe ansehen.

Da es in den meisten Unternehmen bislang jedoch üblich war, die besten Fachkräfte irgendwann mit einer Führungsposition für ihre gute Arbeit zu belohnen, wird es Führungskräfte (und solche, die es ursprünglich einmal werden wollten) geben, die diesen neuen Weg nicht mitgehen wollen oder können. Hier gilt zunächst das Gleiche wie für alle Mitarbeiterinnen und Mitarbeiter: Im ersten Schritt geht es darum, ihnen durch entsprechende Unterstützung die Möglichkeit zu geben, die neuen Organisationsstrukturen mitzutragen und mitzugestalten.

Aber das wird nicht bei jedem möglich sein. Dann ist es wichtig, dass mit diesen bisherigen Führungskräften gut umgegangen wird, indem z. B. ein Ort im Unternehmen für sie gesucht wird, an der sie ihre Fachexpertise einbringen und nutzen können.

15.2 Ein Blick in die Zukunft

Bei der Konkurrenz um »die besten Köpfe« geht es heute und in Zukunft immer weniger um Fachkompetenz und immer mehr um Sozialkompetenz und emotionale Intelligenz. Daher wird es für Unternehmen, die ihre Schnelligkeit und Flexibilität und ihre Anziehungskraft erhöhen wollen, immer wichtiger werden, genau daran zu arbeiten:

Lebendige Gemeinschaften zu gestalten, in denen es Freude macht, gemeinsam sinnvolle Dinge in die Welt zu bringen.

Dann werden sie automatisch die passenden Menschen anziehen. Nämlich diejenigen, denen genau das wichtig ist.

Die Unternehmen, die sich hier mutig auf den Weg machen, werden doppelt belohnt werden:

Sie werden flexibler, schneller und klüger mit den komplexen Herausforderungen unserer Zeit umgehen können – und sie werden mit Menschen zusammenarbeiten, die Freude an ihrer Arbeit haben und daran, gemeinsam Verantwortung zu übernehmen.

Die Unternehmen, die jetzt damit beginnen, werden in Zukunft die Nase vorn haben.

KOMMT
IN UNSER
UNTERNEHMEN
LEBENDIGE
GEMEINSCHAFT

Literatur

Collins, Jim (2005). Der Weg zu den Besten. Die sieben Management-Prinzipien für dauerhaften Unternehmenserfolg. 5. Auflage. Deutscher Taschenbuch Verlag, München.

Gloger, Boris/Rösner, Dieter (2014). Selbstorganisation braucht Führung. Die einfachen Geheimnisse agilen Managements. Carl Hanser Verlag, München.

Groth, Torsten (2004). Klassiker der der Organisationsforschung (3) Karl E. Weick. In: Organisationsentwicklung 3/2004, S. 88-95.

Hamel, Gary (2013). Worauf es jetzt ankommt. Erfolgreich in Zeiten kompromisslosen Wandels, brutalen Wettbewerbs und unaufhaltsamer Innovation. WILEY-VCH, Weinheim.

Laloux, Frederic (2015). Reinventing Organisations. Ein Leitfaden zur Gestaltung sinnstiftender Formen der Zusammenarbeit. Franz Vahlen Verlag, München.

Laloux, Frederic (2017). Reinventing Organisations – visuell. Ein illustrierter Leitfaden sinnstiftender Formen der Zusammenarbeit. Franz Vahlen Verlag, München.

Larsson, Liv (2016). Dankbarkeit, Wertschätzung und Glück. Auf dem Weg zu einem neuen Lebensstil. Junfermann Verlag, Paderborn.

Luhmann, Niklas (1991). Soziale Systeme. Grundriss einer allgemeinen Theorie. 4. Auflage. Suhrkamp Verlag, Frankfurt a. M.

Pfläging, Niels/Hermann, Silke (2015). Komplexithoden. Clevere Wege zur (Wieder)Belebung von Unternehmen und Arbeit in Komplexität. Redline Verlag, München.

Pfläging, Niels (2006). Führen mit flexiblen Zielen. Beyond Budgeting in der Praxis. Campus Verlag, Frankfurt a. M.

Scharmer, Claus-Otto (2018). The Essentials of Theory U: core principles and applications. Berret-Koehler Publishers, Oakland, S. 43.

Schein, Edgar H. (2003). Angst und Sicherheit. Die Rolle der Führung im Management des kulturellen Wandels und Lernens. Organisationsentwicklung 3/2003, S. 4-13.

Simon, Fritz B. (2009). Gemeinsam sind wir blöd!? Die Intelligenz von Unternehmen, Managern und Märkten. 3. Auflage. Carl-Auer Verlag, Heidelberg.

Simon, Fritz B. (2011). Einführung in die systemische Organisationstheorie. 3. Auflage. Carl-Auer Verlag, Heidelberg.

Spreizer, Gretchen/ Porath, Christine (2012). Die Mitarbeiter glücklich machen. In: Harvard Business Manager 4/2012, S. 24–33.

Stichwortverzeichnis

Die Autoren

Ulla Domke

Foto: Thomas Heiser

Die in Soziologie promovierte Pädagogin berät seit über 20 Jahren mittelständische Unternehmen zu den Themenfeldern Führung, Gestaltung von Zusammenarbeit, Kommunikation und Zusammenarbeit auf Führungsebene, Initiierung und Begleitung von Veränderungsprozessen. Sie ist der festen Überzeugung, dass erfüllende Arbeit ein großes Glückspotenzial in sich birgt und dass Unternehmen die Orte sind, an dem dieses gehoben werden kann – und sollte. Wirtschaftlicher Erfolg ist dann das Ergebnis. Ulla Domke ist Gründerin und Vorstand der awisu Think-and-Do-Tank eG, einer einzigartigen Lerngemeinschaft mittelständischer Unternehmerinnen und Unternehmer, die durch regelmäßige fachliche Impulse und im Austausch miteinander Mut macht, lebendige und kluge Gemeinschaften zu schaffen, die einen wert- und sinnvollen gesellschaftlichen Beitrag leisten (http://www.awisu.de).

Mail: domke@awisu.de

J. Martin Granica

Foto: Helge Jahn

Der studierte Sozial- und Wirtschaftswissenschaftler war zwölf Jahre geschäftsführender Inhaber eines mittelständischen Großhandels und arbeitete ab 2007 beratend zu den Themen Unternehmenskommunikation und Gründung, seit 2012 als Wissenschaftler und Berater zu den Themen Entrepreneurship, Führung und Organisationsentwicklung. In den Jahren 2012 bis 2017 war er Mit-Gründer und Vorstand der awisu Think & Do Tank eG. Er befasst sich seit Jahren begeistert mit

Unternehmensentwicklung unter den Gegebenheiten der Globalisierung, Digitalisierung und gesellschaftlichen Veränderung.

Seit August 2017 ist er geschäftsführender Gesellschafter der InnovationCenter.ruhr GmbH & Co. KG. Derzeit entwickelt er dort Formate unter dem Motto: »Innovate your working life!«

Mail: jmg@innovationcenter.ruhr

Michael Hüter

Foto: Eric Hüter

ist Pressezeichner, Karikaturist und Illustrator und hat zahllose Zeitschriften, Broschüren, Kalender und Karten sowie in etwa 60 Bücher mit Illustrationen versehen. Er arbeitet u. a. für verschiedene große Industrieunternehmen und öffentliche Auftraggeber.

Er lebt und arbeitet im Ruhrgebiet, ist aber gern und oft als Zeichner auf Reisen. Er begleitet international Workshops, kommentiert Kongresse und hinterlässt überall eine breite Spur aus Zeichnungen und Skizzen.

Mail: Michael.Hueter.MDS@t-online.de

Danke!

Wir danken allen Unternehmerinnen und Unternehmern, mit denen wir im Rahmen der awisu Think-and-Do-Tank eG alle Themen dieses Buches intensiv diskutiert und in vielfältiger Weise umgesetzt haben, für ihre Inspiration und ihren Mut, sich in ihrer Rolle als Unternehmensgestalter den Herausforderungen unserer Zeit zu stellen.